BREAK
to be new and different

打開一本書
打破思考的框架，
打破想像的極限

高寶書版

為什麼我們不需要核電

台灣的核四真相與核電歸零指南

綠色公民行動聯盟　著

蘇鵬元　整理撰稿

作者群介紹
綠色公民行動聯盟

賴偉傑

　　現任台灣綠色公民行動聯盟理事長。曾任綠盟祕書長、台灣地方學研究發展學會監事、2002南非地球高峰會議台灣非政府組織行動聯盟（TANGOs）副領隊、環保署署長室簡任祕書、核四環境監督委員會委員、中國「自然之友」（Friends of Nature）城市固廢項目顧問、「綠色和平」（Greenpeace）東亞分部北京辦公室汙染防治項目主任。

趙家緯

　　台大環境工程學研究所博士，現為綠色公民行動聯盟常務理事。曾獲選第一屆《遠見》雜誌台灣環境英雄。

房思宏

英國薩塞克斯大學國際關係博士，現為綠色公民行動聯盟理事，永和社區大學講師。研究議題包括氣候政治、環境治理、碳交易、及能源民主等。

徐詩雅

政治大學社會學系、英國薩塞克斯大學發展研究碩士，現為綠色公民行動聯盟研究員。曾任職於國際環保組織，推動無基改農業和綠色金融議題研究。

王舜薇

台灣大學日本語文學系、清華大學社會學研究所。

曾任中央通訊社記者，2008 年加入綠色公民行動聯盟。

正義推薦
各界學者名人聯合發聲

（以推薦人姓氏筆畫排序）

這本書值得「生於斯、長於斯」的台灣國民詳讀。這本書讓我這個反核 20 多年的老兵，看到了未來台灣「非核家園」的一絲新希望。「核電不安全、不永續、不經濟」，是我 20 多年來對核電的研究結論；本書也說明了這樣的結論。

——前台灣環境保護聯盟會長　王塗發

國際上，科技政策的民主化浪潮，屢屢揭露科技專家與政治菁英的盲點，看重公民社會的洞見。在台灣，綠色公民行動聯盟長期深入核電議題，提出不同於官方版本的核四成本效益分析、國際核電趨勢、以及在地電力結構規

劃。台灣社會何其有幸，有這樣來自民間團體的深度知識生產，為政策辯論累積堅實的基礎，並開創新穎的非核家園路徑。讓我們以精讀、思辨、投入討論來回饋綠盟報告，據此一起壯大公民參與科技政策的能量。

——台灣大學社會系副教授　吳嘉苓

綠色公民行動聯盟提出的這份代表公民知識觀點的報告，不但顯示台灣民間社會的公民認識論逐步成長，也促使政府與公民社會建立決策對話、夥伴關係的契機。台灣今天面臨的挑戰與困境，無論是電力成長、再生能源評估、替代方案、產業轉型評估與未來 20 年的經濟能源永續社會的模擬情境，都需要各界長期、系統性的溝通與對話，而揚棄數十年的對峙與對立。

——台灣大學國家發展研究所教授　周桂田

這份報告點出了核四並非沒有替代方案，透過用電需求零成長的低碳策略，台灣可以達到兼顧能源安全，非核

家園與低碳社會的目標。

　　這份核電解密報告提醒了執政當局，與其替充滿爭議的核電找藉口，不如為台灣的永續能源願景找方法。

　　　　　　　——台灣大學政治學系助理教授　林子倫

　　今天台灣的反核行動，結合「知識與理性的真」、「親情與公益的善」、還有「藝術與文化的美」，當「真善美」藉著反核化身在台灣，就是台灣文明蛻變提升的契機，也是社會力獻身領導國家永續發展的典範。

　　　　——台北科技大學環境工程與管理研究所教授兼所長
　　　　　　　　　　　　　　　　　　　　　　林文印

　　既然我們的國家已決定穩建廢核，就不要作半套，連帶一併停建核四。其中尤其是「用電需求零成長方案」，可以促使減緩國內貧富懸殊加大的問題。希望可以作為後核四之台灣新能源政策。

　　　　　　——中興大學環境工程學系教授　莊秉潔

　　「綠盟」的反核研究報告書，和他們所統籌的廢核遊行，證明了這組年輕世代社運知識份子的論述力與行動力，是同樣強大的。他們用功的做研究，以此為廢核運動的理性依據，並從而擴大、深化台灣公民社會的政治參與。所有希望台灣繼續存在的人，應該人手一冊。

——政治大學傳播學院副教授　郭力昕

　　綠盟這篇報告有幾個重點值得全民注意，這也是從經濟面反核四的主要原因：

1. 核四發電的成本高於其他方式的發電成本，若核四投入運轉，全民將再付出至少 1 兆 1,256 億元代價，折算成每度的發電成本，絕對高於目前火力的發電成本。且這尚未考量到核能發電所產生安全疑慮時的成本，因此將核能發電的所有外部成本計算，核能發電成本是高於其他發電的成本。從成本面考量，不值得支持核能發電。

2. 廢除核能發電不會影響到經濟發展，反而有助於經濟發展。當思考各種替代能源所創造出來的經濟效益遠高於

核能發電之效益。

3. 產業結構的調整（即不在往高耗能產業發展）即可避免廢核後所造成電價上漲之可能性。

4. 減讓溫室氣體不是依賴核能發電來取代火力發電，而是從電力需求的最終端—產業結構的調整做起。

——中興大學應用經濟系特聘教授　陳吉仲

台灣自 1987 年解除戒嚴，才知道已經有 3 座核能電廠在台灣，而且核四廠正在興建中。看到美國、烏克蘭、日本紛紛發生核電廠爆炸，後患無窮，核廢料半衰期要 24,000 年，台灣人更擔心受怕。我們看到每個人為了自己，也為了子孫站出來。希望廢核成功！

——主婦聯盟環境保護基金會董事長　陳曼麗

我從 20 年前的清華，就認識了一些綠盟的學生元老，到 20 年後我在陽明推動 STS，更了解到綠盟是今天台灣反核的知識重鎮與行動主力，甚至讓我重新拾起「台

灣人是有能力反核的」之信心。為什麼我們不需要核電？綠盟加油！

——陽明大學科技與社會研究所教授　傅大為

認知核能真相，需要感性，更需要理性。如果地狹人眾、地質脆弱、地震颱風多、核能無法絕對安全，是廢核的感性與理性訴求，這本報告就是理性，讀後，讓人更有能力對親友、對猶疑的人說，核能昂貴不便宜，廢核才可節能減碳，才可讓再生能源，得到充分的發展空間。

——政治大學新聞學系教授　馮建三

如果台灣像澳洲鈾礦的儲存量世界第一，如果台灣的領土比現在大 100 倍，如果台灣並非處於環太平洋地震帶，如果台灣有法國的核電水準，我都還不樂見台灣發展核電。

公民要思辨，你我絕對不要錯過綠盟的故事。

——「擁核、反核，公民如何思辨做抉擇」

一人環島演講、醫師　楊斯梧

　　瞭解和夢，是選擇的基本前提。當政府以隱藏、錯誤、扭曲、誤導的訊息與方式阻止我們瞭解，再以經濟發展的信仰操控我們的命土與世代大夢，這種選擇不僅背離民主，更是國家霸權的展現。這本書讓我們瞭解，讓我們有夢。

　　　　——台北大學不動產與城鄉環境學系副教授　廖本全

　　核電的本質是輻射與謊言；政府及核電業者在核災災前災後都會說很多謊言，尤其是製造安全神話，核電一直是黑盒子作業，台灣核電不但全球最危險，而且也是最不透明，讓綠盟的解密報告來打開這個黑盒子。

　　綠盟是我最親愛、最心疼的年輕夥伴，也懇請每個人為了自己，為了這塊土地的未來，用具體的行動，支持綠盟！

　　　　　　　　　　　　　　　　——旅日作家　劉黎兒

　　徹底了解台灣核安真相，核四公投前必讀的一本好書。

　　　　——台灣蠻野心足生態協會專職律師　蔡雅瀅

　　民國 102 年 3 月 9 日超過 20 萬人上街頭表達反核的訴求，這次活動是台灣邁向成熟公民社會的重要里程碑，而成熟公民社會的指標就是資訊透明和公民參與。《為什麼我們不需要核電：台灣的核四真相與核電歸零指南》這本書正是我們期待的，我要推薦這本書給所有維護永續環境根本正義的朋友。

　　　　——社團法人中華民國荒野保護協會理事長　賴榮孝

　　當核四論戰一直被推向所謂專業對民粹，技術對恐懼之爭，一般人往往因為欠缺對於能源與核能相關事務的了解，而迷失在資訊與傳言之中。本報告將相關能源與核能相關資訊做了宏觀性的整理與分析，正是不諳此中知識但有心關注此一重要課題者，入門能源與核能議題領域的最佳導航。

　　　　——政治大學地政學系助理教授　戴秀雄

核電並非穩定電力來源，本書揭露核電在安全與財務上的高風險性，並嘗試提出低碳的發展路徑，讓大眾理解綠色經濟並非虛幻的口號。

——低碳生活部落格執行編輯　謝雯凱

值此核四公投箭在弦上之際，我們比過去 20 多年中的任何一個時刻，都更需要看到替代性的非官方論述，開闢一個資訊更完整的思辨空間。因此，綠色公民行動聯盟（綠盟）這本書就具有關鍵重要意義了。反核也好，擁核也好，做為一個對自己負責的公民，都應該花點時間來好好讀一下，再做出下一步決定。

——交通大學傳播與科技學系副教授、媒體改造學社成員
魏玓

推薦序
差不多與不知道

文／郝廣才（格林文化發行人）

以前有位先生姓差名不多，胡適說他是中國最有名的人，差不多先生的名字，天天掛在大家的口頭，他是中國全國人的代表。

後來差不多有個兒子，青出於藍，勝於藍，叫不知道先生。他在台灣有名、有利、有權，不知道先生與差不多先生的相貌相差不多，差不多有一雙眼睛，但看不清，不知道也是一雙眼睛，但該看清的就看得清，不想看清的就自動看不清。差不多有兩隻耳朵，但聽的不很分明，不知道也是兩隻耳朵，但該聽明的就聽明，不想聽明的就自然聽不明。

不知道先生知道游泳好，不知道水母沒有腦。

他知道一個便當吃不飽，不知道學生鈔票少。

他知道打瞌睡不能被拍到，不知道字條要收好。

他知道餐後要吃香蕉，不知道物價在飆高。

他知道勞保、健保快要倒，不知道還有軍公教。

他知道人死要哀悼，不知道默哀不用讀秒。

他知道關廠勞工的血汗錢要追繳，不知道財團的罰款不用交。

他知道貪汙除罪怎麼搞，不知道人民會氣爆！

我感覺這些都還好，真正可怕的是不知道先生堅持要蓋完
核四，卻不知道怎麼處理核廢料？

他不知道燃料棒的儲存槽已經塞爆，不是擠擠就好。

他不知道核電廠廢廠的成本要多少？

他不知道核四的鋼筋被剪掉，寶特瓶裡還有尿。

他不知道未來頁岩氣是個寶，煤已經不重要。

他不知道先進國家的再生能源是主角，以為是跑龍套。

他不知道核能價格最高。

他不知道核能最不環保。

他不知道輻射塵拍不掉。

他不知道台電偷工減料，發電有一半都丟掉。

他不知道台灣是個地震島，地方小，核電出事沒地方逃。

更可怕的是，不知道先生不是一個人，他是「他們」，是一群。他們知道如何設局，把原本好好的公投，用題目來扭曲，不是問你「要建」、「不要建」，選哪樣？而是設題為「不要」，結果你投「贊成」才是「不要」，你投「反對」卻是「要」，這是什麼亂七八糟。加上個50％的門檻，不來投的等於「要」，這是妙招嗎？不，是賤招。

不知道先生以為台灣人民都不知道，他們不知道我們知道看書、看資料，他們不知道我們知道誰說的可以相信，誰在胡說八道！

差不多先生當年生病，要請醫人的汪大夫看病，結果找來醫牛的王大夫。差不多認為汪跟王差不多，結果一命

嗚呼。

　　差不多先生害死自己，但現在他的兒子們，不知道先生們會害死我們，我們所有台灣人，這個我們不能不知道！我們也要讓不知道的人知道！

推薦序
台灣沒資格使用核電

文／彭明輝

（劍橋大學控制工程博士，

現任清華大學動力機械工學系榮譽退休教授）

核四公投前政府應該要提供可靠的完整數據供全民參考，事實上政府的數據不完整而有蓄意誤導全民之嫌。因此，綠盟的這本書值得大家認真閱讀，以便做出最適合台灣的選擇。我也再補充一些本書遺漏的關鍵事實，供大家參考。

台電鄭金龍處長退休後在部落格寫過一篇文章〈台電韓電日本電力公司負載成長與長期預測之比較〉，其中圖七「2001-2012 年台電長期負載預測比較曲線」顯示 2 個重要事實：1. 台電經常高估未來經濟成長率與電力需求，

2. 金融海嘯後台灣與全球已經進入二次衰退，因此台電在民國 101 年 8 月再度大幅下修未來經濟成長率與電力成長需求。以 2022 年為例，尖峰負載下修 288.6 萬瓩，超過核四發電總量的 270 萬瓩。但經濟部對外公布的卻都是民國 98 ～ 100 年的舊資料。

　　影響電力需求的第二個要素是產業結構的調整與消費者習慣的改變。根據工研院和臺綜院的最新簡報〈能源開發政策總體需求面推估〉，「台灣的 GDP 與能源消費逐漸脫鉤」，能源消費從「過去 20 年平均成長率為 3.78%」降為「過去 10 年平均成長率為 2.10%。」因此未來台灣的電力成長需求還有機會比台電在民國 101 年 8 月的預測更低。

　　此外，根據台大、中華經濟研究院與麥肯錫顧問公司在 2013 年完成的研究報告《溫室氣體減量的成本曲線估計》，2025 年時台灣的減碳潛力是 1.44 億噸，其中核四的貢獻僅僅只是 0.18 億噸（12.5%）。雖然有些減碳手段需要投資，但是節能可以省下巨額燃料費，因而減碳的總結果

是減少 1,086.75 億美金的支出！

　　最後，我在部落格裡寫了一篇〈台灣沒資格使用核電〉，指出台電的「斷然處置」就是國際上研究長達 15 年的 Intentional depressurization，但卻忽略國際研究的重要結論：洩壓速度必須適中，避免因洩壓太快而造成負面效果或破壞反應爐零組件，而使得局勢提前惡化且失去後續的應變彈性。台電的「斷然處置」比橡樹嶺國家實驗室所建議的速度快將近 6 倍，意味著台電、原能會與清大相關教授沒有在注意過去國際上著名的相關研究成果，也沒有能力在核電廠發生「超出設計基準的事故」時有合宜的應變能力。因此，我認為台灣沒有資格使用核電。

作者序
反核不是戰役，而是一份勇敢的承擔

文／賴偉傑（綠色公民行動聯盟理事長）

「有時我常想如果有一天你們老了，發現一生所堅持的反核理念是錯誤的，會不會自殺？」

這是 2005 年 5 月，國際擁核勢力蓬勃、反核聲勢低迷時，一個自稱曾在台電工作的網友在綠盟網站的留言。他認為未來的社會將會愈來愈需要大量能源，他質疑「除了核能還有別的嗎？」

這還算是客氣的了。但我們認為台電公司有很多值得敬重的員工，就算理念不同，也可交換意見。之前是這樣回應的：「台電是國營事業，本來就肩負公共性，就算台電想發展核能，也是要以買方市場監督核電廠商，但現在，台電部分員工把自己幾乎當作是核能工業的推銷員，

遇到問題還幫核能大廠圓場，簡直角色錯亂……」

　　這個社會，每個人都在自己的工作位置上，努力打拼，盡量承擔。綠盟也一樣，就像是開創一個志業，其實從來也沒人教我們該怎樣反核才對。但就這樣一步一步走來：陪伴偏鄉弱勢的朋友，他們不放棄、我們就不放棄，一批一批新的年輕人想了解，我們就帶他們去貢寮向鄉親學習，向土地大海學習；政府或專家掩蓋事實我們就想盡辦法去挑戰，去揭露。

　　311 福島核災像是敲醒一記響鐘。核四陸續爆發的弊案，以及核一、二、三廠的重大瑕疵及安全問題、核廢料處置，終於有更多人關心。2013 年的 309 遊行，超過 20 萬人上街頭、各界陸續湧入關切的行動。

　　核四應該是聽擁核專家，還是反核專家？我們在貢寮，看到與這天地海共生的鄉民，對這裡生態、自然、潮汐、洋流、風險的熟悉和敬畏，大家都有生活經驗，也都有獨到的看法，甚至足以挑戰諸多教授之言。

　　這種精彩，在 311 福島核災事件後，有了新的意義與

延伸。因為我們一直以為石門、金山、恆春、貢寮、蘭嶼才是「核電廠與核廢附近居民」。但現在,整個台灣都是與核為鄰,也因此這兩年來各行各業、各個角落的朋友,以自己的生活經驗、生命歷練、源源不絕的創意,與集體的智慧,來面對擺脫核依賴的決心與行動。

我們都被核能綁架太久了。「有核四才會有電,有電才有經濟成長」的迷思禁錮了我們的從容,於是一直躲在上個世紀的思維,不敢勇敢邁向新的發展局面。

政府的守舊,其實不斷弱智化了社會的集體智慧,我們只是希望這本書能提供不一樣的思考點,更重要的是試著讓它成為支點,撬動並共同迎接非核後的海闊天空與嶄新局面。

感謝很多老朋友、新朋友的協助與促成,當歷史機遇再起,那就做出我們這一代的努力與承擔。

前言
走向廢核，就是現在

311 福島核災已經過了 2 年，直至今日，輻射外洩的種種汙染和傷害，依舊持續影響著土地和災民。即便如此，台灣執政當局仍然沒能從這個災害中學得教訓，依然不願果決地停下運轉中的核電廠，以及興建已超過 14 年的核四廠。

核四近幾年雖然已經進入測試階段，不過工期仍舊持續延長，弊案及重大事故也層出不窮，早已被許多專家判定「不可能安全」。但台電和政府至今仍是一意孤行，打算繼續追加 500、600 億預算投入這個錯誤工程，讓總工程經費逼近 3,300 億，並且下令全員趕工，讓核四盡快開始運轉。以目前核四的工程品質來看，核四運轉只會為台灣帶來更巨大且不可逆的威脅及災難。

在國際媒體及權威研究中，台灣屢屢被點名為全世界

有最高核災風險的國家。像是《華爾街日報》（*Wall Street Journal*）就指出，全球 34 個建造在地震高風險地區的核電機組中，日本和台灣就占了 30 個，而且台灣的 6 個核電機組都建造在主要斷層地震帶附近，另外還有核四的 2 個核電機組正在興建。[1]

國際頂尖科學期刊《自然》（*Nature*）也指出，核電廠旁 30 公里疏散區的居民數排行榜，排名第一是巴基斯坦的 Kanupp 核電廠，有 820 萬人，第二則是核二廠的 550 萬人，第三是核一廠的 470 萬人。[2] 核一、核二廠的疏散區還緊鄰台北都會區，如果真發生核災，後果不堪設想。

過去政府總拍拍胸脯保證台灣的核電廠離斷層帶有一段距離，不會受地震的影響。但是近期許多地質調查發現，台灣的核電廠距離活動斷層超近，有些甚至設在斷層帶上。

像是 2009 年，經濟部中央地質調查所發現，經過金山海岸的山腳斷層，距離核一廠 7 公里、核二廠 5 公里[3]；另外，2013 年 5 月，台大地質系教授陳文山直指核三廠底

---

1 Maurice Tamman, Ben Casselman and Paul Mozur, "Scores of Reactors in Quake Zones", *Wall Street Journal*, 2011/03/10, http://online.wsj.com/article/SB10001 424052748703512404576208872161503008.html.

2 Declan Butler, "Reactors, residents and risk", *Nature*, 2011/04/21, http://www.nature.com/news/2011/110421/full/472400a.html.

3 經濟部中央地質調查所，〈核能電廠的區域地質概況〉，2013/03/18，http://www.moeacgs.gov.tw/ 核電廠 /20130318 回復立法院有關核能電廠的地質安全 -0322 修正版 .docx。

下就有一條活動斷層，而且距離核島區反應爐只有 700 多公尺。[4]

　　還沒運轉的核四廠，外海 80 公里內有 70 幾座海底火山，而且活火山有 11 座，最接近的火山離核四廠只有 20 公里。

　　更大的問題在於核廢料。自從 1996 年低放射性核廢料不再運到蘭嶼貯存場存放以後，無處去的核廢料只能存放在核電廠內。到 2012 年底為止，核一廠存放的低放射性核廢料有 44,387 桶、核二廠 50,175 桶、核三廠 8,194 桶，總計超過 10 萬桶低放射性核廢料就在核電廠內，而且還在繼續增加當中。[5]

　　這還沒有算蘭嶼貯存場的 100,277 桶低放射性核廢料。

　　這些核廢料雖然號稱低放射性，但要經過 300 年，放射性才能達到安全值，在那之前一有處理不當，輻射就有可能擴散。

　　至於用過的燃料棒，也就是高放射性核廢料，截至 2013 年 3 月底為止，有 16,343 束存放在核一、核二、核

4　湯佳玲，〈學者：活斷層通過，核三應速關閉〉，自由時報，2013/05/07，http://www.libertytimes.com.tw/2013/new/may/7/today-fo3.htm。

5　行政院原子能委員會放射性物料管理局網站，http://gamma1.aec.gov.tw/fcma/national_quantity_a.asp。

三廠。[6] 高放射性核廢料得經過數萬年才能讓放射性達到安全值。超量存放的結果，是讓核電廠附近的民眾有如坐在核彈上，面對核災隨時可能發生的風險。

台灣真的很大膽，核電廠離首都是如此的近。核一廠、核二廠、核四廠分別距離台北市 21 公里、16 公里、37 公里，而福島核災的疏散範圍是半徑 20 公里。如果核一、核二發生核災，台北市居民就很有可能被迫撤離。

而核四看似離台北遠了一點，不過離翡翠水庫卻很近，只要核四發生核災，6 小時就會影響翡翠水庫，屆時台北市用水就會出問題。

然而對於核能安全的各種質疑，政府及台電卻採取迴避態度，以訴諸經濟的謬論繼續為核四辯護。拿「核四不商轉有限電危機」、「核四不運轉漲電價」為由恐嚇台灣人民，要求大眾接受核四廠繼續興建。

然而，政府與台電準備好了嗎？ 2013 年初，住在疏散區的淡水居民收到一張由新北市政府消防局製作的防災避難地圖，地圖上竟然出現淡興路、興化路、新市十路、

---

6 蔡春鴻，〈「核一、核二、核三廠用過核子燃料之貯存現況、乾式貯存與最終處置之規劃與執行情形，以及蘭嶼核廢料之最終處置執行情形」及「龍門電廠（核四）核子燃料購入及貯存現況」專案報告〉，2013/04/11，http://www.aec.gov.tw/webpage/policy/results/files/results_01_102-6.pdf

新市十一路等完全不存在的道路。原來這些道路都是規劃中淡海新市鎮二期的道路，對住在核電廠疏散區的淡水居民來說，如果現在就發生核災，根據這樣的地圖，該怎麼逃？

311 福島核災的殷鑑不遠。根據學者估算，福島核災的輻射外洩將造成 1300 人死亡，[7] 而導致電廠半徑 20 公里內劃為禁制區，7 萬人淪為核災難民。[8]

然而難以計算的卻是看不見的輻射汙染。

日本政府已經宣布將福島核電廠周圍 20 公里劃為輻射警戒區，20 公里以外另設計畫性限制區，住在這些區域的居民不但要撤離，還規定不能種植稻米，這對福島這個農業大縣來說可是一大打擊。日本東京大學教授森口祐一更估計，有超過 2,000 平方公里的土地需要去除輻射汙染，這些土壤堆起來超過 1 億立方公尺。2,000 平方公里，恰好是新北市的面積、台北市面積的 8 倍。

輻射對人體的危害目前似乎沒有明確證據，卻也沒有反證能說明完全沒有危害。綠色和平組織在 2006 年公布

7　Ten Hoeve, J. E. and M. Z. Jacobson, "Worldwide Health Effects of the Fukushima Daiichi Nuclear Accident", *Energy & Environmental Science.* 5, 8743-8757,2012.

8　Craft, L., "Japan Nuclear Zone", *National Geographic Magazine,* 2012, http://ngm.nationalgeographic.com/2011/12/japan-nuclear-zone/craft-text

的蘇聯車諾比核災事件的研究，指出車諾比核災在 1990
年至 2004 年估計造成 21 萬人死亡，其中 93,000 人是因為
罹患甲狀腺癌、白血病和其他癌症。[9] 而原子能委員會〈車
諾比核電廠事件回顧〉也指出，烏克蘭、白俄羅斯、蘇俄
地區，至少有 900 萬人受到輻射線影響、白俄羅斯嬰兒出
生率下降 50％、白俄羅斯兒童淋巴癌上升 28.5％，另外
從車諾比撤離的小孩中，癌症發生率比正常人還高，還有
1/4 的小孩甲狀腺功能低下。[10]

　　國際放射防護委員會（ICRP）做了一個很保守又很重
要的假設：人體只要接受到輻射，不管劑量是多少，都有
引發癌症和不良遺傳的機率存在，沒有低限劑量值，而且
致癌或不良遺傳的機率與接受劑量成正比，劑量愈高，罹
患的機率也愈大。

　　輻射看不到、感覺不到，造成的影響並不清楚，延續
好幾十年、幾個世代、幾個世紀的都有可能。再者，核能
發電所產生的放射性汙染物質如果處理不當，進入大氣、
土壤、海洋，便會形成環境污染，加上其跨物種傳播的性

9　Greenpeace, "The Chernobyl Catastrophe Consequences on Human Health",
　　2006, http://www.greenpeace.org/international/Global/international/planet-2/
　　report/2006/4/chernobylhealthreport.pdf

10　原子能委員會〈車諾比核電廠事件回顧〉，2001，http://www.aec.gov.tw/
　　webpage/service/other/files/book_21.pdf

質，受輻射汙染的環境很有可能成為媒介，再讓輻射物擴散到動植物等生物圈，最終將進入食物鏈中。

如果日本政府避免核災發生的支票都跳票了，台灣政府難道有辦法保證未來不會發生核災？

就算核電廠運轉順利，完成除役，核能發電所創造的核廢料，到目前為止仍舊沒有妥善的處理方案。電廠運轉期間受到汙染的衣物工具及廢棄零組件、設備、廢液殘渣、廢樹脂等低放射性廢棄物，經過處理以後，絕大部分的放射性要 300 年後消失無蹤；至於發電過的燃料棒等高放射性廢棄物，放射性得經過 10 萬年才會消失，雖然目前技術都強調要將這些廢棄物隔絕於人的生活圈外，最有可能的情況是深埋在地底下，但是在地震頻繁的台灣，哪能保證原本深埋地底的核廢料，是否會因為一次地殼劇烈變動而冒出頭來？誰能保證這個狀況 10 萬年內不會發生？

姑且不論核災發生的可能性，核四這個錢坑早已變成全民災難。核四不但多次追加預算，5 年內還有 7 次淹

水、15 次重大違規，建造 10 多年來還是無法運轉，全民早已為此付出龐大的成本，這些資源如果用來發展再生能源產業，或是用來提升能源效率，說不定早已經有了成效。

其實在 311 福島核災以前，全球核電業者已經面臨成本高漲的財務困局。福島核災只是更加確定全球核電產業的黯淡前景。國際各大金融集團紛紛在福島核災後表示，從投資觀點來看，核電業早已是個夕陽產業，只是台電至今仍宣稱「核電最便宜」，恰恰與國際趨勢大相逕庭。

311 福島核災後，包括德國、義大利、比利時、瑞士、立陶宛等國，都展現堅定的廢核決心，訂出廢核時間表；半世紀以來全力擁核的法國，也在去年提出，到 2025 年，核電依賴比率將從 75％下降至 50％，足足少了 1/3，同時拉高再生能源的發展比例，及大規模增進能源效率的政策工具，來達成減核願景；保加利亞也在 2012 年正式宣布終止已經興建 25 年的核電計畫。然而這些核電政策的劇烈變化，卻被台電誤導成這些國家「依舊擁核」，此

種不負責任的作法，令人不齒。

難道就不能有其他的方案來替代核四嗎？我們認為有的。在面對核災風險、化石燃料枯竭以及氣候變遷的三重挑戰下，台灣應該走向電力零成長的經濟成長路徑，才能迎向非核低碳願景，成為零核災風險的綠能之島。

台灣應該有新的視野，而不是被困在舊的思維與被設限的數據裡。在這本書中，我們將以詳實的資料分析和國際研究數據估算，破解台電的經濟恐嚇，清楚揭露台電的詭計及誤導，讓讀者得以瞭解核四這個新台幣焚化爐的錢坑結構，以及這個錢坑將如何吞噬所有人的血汗稅金，並扼殺台灣的永續願景。

走向廢核，就是現在。

第一章

為什麼要廢核

311 福島核災後，災難還沒結束

核災之後實地走訪

2012 年 12 月 16 日是日本眾議院改選，這個在釣魚台爭議、北韓發射衛星飛彈以及日本海嘯核災後的第一次大選，格外引人注意。但在同一天，日本的民間團體再次舉辦超大型國際非核會議，目的是為了反制國際原子總署（International Atomic Energy Agency）同一週在福島縣郡山市召開的「核能安全部長級會議」。

這場國際非核會議除了有日本團體參加，也邀請 9 國共 25 個代表與會。綠色公民行動聯盟因此前往日本，與各國團體交流，分享台灣的反核公民運動，並且參加會議之外，主辦單位還規畫各國團體一同前往福島災區訪視。

雖然 311 福島核災已經過了 2 年，到了災區現場，還是可以感受得到強烈的無助感。

在距離出事電廠 70 公里的福島市，一切作息如常，也沒人帶口罩，但測出的輻射劑量仍舊比一般接觸到的輻

射劑量高出許多。很多人都知道，雖然日常生活中會接觸到很多輻射，但是長期、過量的輻射卻會對身體有害，輕則罹患癌症，重則死亡。在這裡，官方測得的輻射劑量是 1 小時 0.73 微西弗 [11]，而日常生活中接觸到的輻射劑量大概只有 1 小時 0.18 微西弗。而輻射防護法規定的法定嚴重汙染環境輻射標準是 1 年 10 毫西弗，也就是 1 小時 1.1 微西弗。從這個標準來看，福島市受到的輻射污染並不小。

回不去的飯館村

　　距離出事電廠 40 公里的飯館村，看到的是更悲慘的景象。

　　因為風向的因素，飯館村測得的輻射劑量超級高，因此雖然不在電廠周邊 30 公里的疏散範圍裡，居民仍被迫在災後 1 個月後全部撤離，直到現在還無法回去。如今村裡 20 個區域都得自行找到汙土臨時堆置場，用來堆放被輻射汙染的土壤。除汙的費用估計平均每個人 5,000 萬日圓（約 1,500 萬台幣），是一筆不小的開銷。

---

11 輻射劑量是用來測量輻射對生物的傷害程度。計算時，會考慮輻射強度與曝露時間。西弗是輻射強度的單位，是毫西弗的 1,000 倍，微西弗 100 萬倍。根據原子能委員會的資料顯示，台灣每人接受天然背景的輻射劑量是 1 年 1.62 毫西弗，換算起來大約是 1 小時 0.18 微西弗。

除汙的方式是先將農地上的土全部清走後，再換一批新的土進來。因為只對居家 20 公尺的範圍內進行除汙，很多人覺得效果不大。從政府架設的輻射偵測器來看，已經除汙完成的地方，數值看起來還算正常，但離開偵測器幾步以外的輻射劑量卻高出很多。而飯館村有將近 75% 是山區，山區基本上不進行除汙，因此那些帶有放射性的輻射物質會不會隨風飄散、隨雨雪流動，讓已經除汙完成的土地再次受到汙染，這誰也說不準。

對世居飯館村的佐藤先生來說，這樣的除汙方式並不好，因為新的土壤跟原本的土壤不同，造就的生態就會不同。20 多歲的他無奈地說：「我從來沒買過菜，我們採香菇，採野菜，大家以物易物，喝的都是井水和泉水，雖然沒什麼錢，但過得很富足，現在卻得要到超市買菜。我父親是個獵人，冬天本來都會去打獵，包括獵山豬，不過 311 福島核災之後，捕到的野豬輻射劑量超高，大概再也無法打獵了。我們被迫離開家鄉，但卻不能搬到福島之外的地方，否則就沒有補助。我們原來的那種生活，大概就

這樣毀滅了，有可能，我們再也回不去了。」

　　佐藤先生苦笑：「前天官方數據說飯館村平均是（1小時）0.7（微西弗），比福島市還低，你們相信嗎？」到了村裡，拿起輻射偵測器一量，1小時 2.6 微西弗，大幅超出官方數據。

　　如果出事電廠是核四廠，那麼飯館村的位置大概是台北的西門町。

不斷挑戰極限的南相馬市

　　至於部分區域位在 20 公里撤離區的南相馬市（Minamisouma），歷經海嘯肆虐的遺跡還清晰可見。不過南相馬市政府力圖振作，不但在市政府大樓掛上「讓全世界看我們將再興起」的布條，市長櫻井勝延還特地參加 2012 年 2 月的東京馬拉松大賽，他說：「我來參加馬拉松就是想告訴大家，福島沒有放棄，災區重建就像跑馬拉松一樣，需要我們不斷努力，不斷挑戰自己的極限。」

　　的確，311 福島核災的災區重建就像挑戰自己的極

限。雖然在市區量到的輻射劑量超過正常值 10 倍,不過在核災發生之後,這裡居然已經辦過兩次「馬拉松賽」。

南相馬市的吉田先生提到,在核災發生時,本地企業居然跑去要求市長不要宣布為「撤離區」,還把撤離的員工開除,這讓許多員工被迫與小孩家人分離,有些甚至因此鬧離婚。他對日本政府非常失望,他說:「有一個輻射偵測站顯示的輻射劑量一直很高,政府居然以設備有問題為理由,要把架設器材的監測公司撤掉,而那公司不服,因此控告政府,但媒體卻都不報導這件事。」他氣憤的說:「日本政府爛透了!」

離出事電廠約 13 公里處,是完全禁止進入的管制區,我們的車子沿著管制區邊界的山路走,經過一處兩旁樹木生長較為茂密的路段,整車的輻射偵測器警報聲開始此起彼落,令人焦躁不安。推測應該是因為很多輻射塵隨風吹到這片森林,附著在樹上。

這條山路的盡頭是日本政府的管制區路障。此地的輻射劑量是 1 小時 6 微西弗,遠遠超出法定嚴重汙染環境標

準。而路障旁掛著「不要把牛餓死！」的憤怒布條，原來是日本政府打算把當地酪農養的牛全部撲殺。核災發生後，政府禁止酪農繼續餵養所養的牛，等於是要讓這些牛自生自滅。酪農們對這群牛已經有了感情，當然不同意。核災，毀掉的不只是這地方的土地，也是毀了一整個農業、文化、情感與依託。

吉田先生認為當地敢站出來反對核能的人非常少，因為大家對核能、輻射的瞭解太少。他希望能讓地區之外的更多人知道他家鄉的情況，給予更多的關注。他靦腆地說：「我們也有網站，也翻成英文，但是是用 Google 翻譯軟體直翻，品質不好請多包涵。」

<u>如果出事電廠就是核四廠，那麼南相馬市的位置大概是基隆市。</u>

想要重新復耕的伊達市小國町

訪視的最後一站是距離出事電廠約 50 公里的伊達市小國町。

　　這裡是個農村。311 福島核災後，這裡生產的稻米被測出輻射超標，日本政府下令禁止種植。不過當地的農民仍希望能重新種稻，因此除了很多農地的土壤接受輻射除汙以外，他們還找專家詢問，哪個品種的稻米比較不會吸附放射性物質。只是輻射汙染不會只影響土壤，連灌溉水、肥料都可能會有問題，這條復耕之路遙遙無期。

　　「從輻射中再造美麗小國協會」的菅野先生是個年輕的居家設計師，他熱愛自己的家鄉，他說：「我們這是好地方，東西好吃，風景美得不得了，人又好，真不知道要到什麼時候才能沒事？」

　　現在村民能做的，就是在村裡建構一套自願服務性質的設備與機制，隨時幫作物與食物進行檢測，讓大家安心。

　　而日本政府的亂無章法，同時造成地方上很多爭議。舉例來說，村子裡只有一個小學，不過就算是同班同學，面對的情況卻可能大不相同，像是有的人被要求撤離轉學，有的人又可以留下來，不然就是領到的補償金不同，這都讓當地居民無所適從。

如果出事電廠就是核四廠，那麼伊達市小國町的位置大概是桃園市。

災難之後才是更大挑戰的開始

匆忙一天的福島災區行程，來到 3 個不同情況的地方，但都有一個很強烈的感受，那就是事情發生了，所有善後工作都是且戰且走，訂了一個解決方案，後面又衍生更多問題，過去就算做過再多核災演習，核災發生後，似乎都派不上用場。說實話，這已經不是人類的智慧跟經驗可以解決的事情。很多房子前面的柿子樹，因為居民的撤離，只能讓柿子兀自掉落、腐爛，耀眼陽光如常照射，四周卻靜止得令人不安。

經過那麼巨大的災難，日本人該覺悟了吧？選舉結果應該是反核派大勝了吧？然而在選前的福島市，聽到的小道消息卻很弔詭。一位福島的農民就說：「當然一定反核，但我還是會投給自民黨，因為候選人是我們熟識的人，而且他也說他要反核。」

　這次日本大選，因為是小選區制，所以在多黨林立的分票效應下，傳統的大黨自民黨即使總得票數下滑，卻壓倒性的拿下超高席次。自民黨長期支持發展核能，並建構依賴核能的經濟發展政策，因此選舉結果出爐，日本民間反核團體視為「有史以來最大的挫敗」，甚至自責「沒能讓核能成為選戰主議題，是最大的遺憾」。

　事情也沒那麼悲觀，對於核電議題，各政黨在這次選戰打的是迷糊仗。落敗的執政黨民主黨喊出 2030 年日本零核電的主張不說，即使是長期支持核能發展的自民黨，提出的也是「3 年內建立一個明確的機制，來決定各核電廠是否再啟動」這種模糊的主張。自民黨很多候選人則在自己選區裡強悍鮮明的提出反核訴求。就連與自民黨友好的小黨公民黨，更是強力反對再興建任何新的核電廠。

　311 福島核災後，日本核電廠的反應爐全部停爐檢修，後來唯一重啟的僅有大飯核電廠 2 個反應爐，如果其他核電廠持續無法重新啟動的話，日本就幾乎直接成為非核國家。這樣的情況下，原本民主黨的 2030 年全面廢核的

支票似乎有可能兌現。也就是說，各政黨在核電議題的差異其實不大。要說選舉結果是「反核的嚴重挫敗」倒也不是，反而似乎該解讀為「擺脫核能依賴」已是社會共識。

　　值得一提的是，既然日本社會超過 70％ 的民眾反核，日本的民間團體是否有想過以公投的方式來呈現這個直接民意？一個在國際性非政府組織的工作者直言：「日本有民主的社會，但沒有民主的文化。」不過也有另一種說法，像日本市民原子力情報中心（CNIC）的負責人分析，一方面因為日本核電廠是民營，另一個更重要的疑慮是：「不少人擔心如果推全國公投，也會有人要推動修改日本憲法中『非武裝』條款。」

　　第二次世界大戰以後，為了不讓軍國主義興起，日本新憲法特別規定，日本放棄與他國以軍事手段解決爭端的權力。換言之，日本無法成立軍隊。可是在中國與北韓的勢力興起下，日本一直有修憲的呼聲，希望能擁有真正的軍隊抵禦外侮。如果反核公投搭著修憲議題，勢必會模糊焦點，反而不容易成功。

核電不是安全能源

看著福島災區 2 年後還是一副殘破景象，內心的震撼不小。尤其福島核災的影響範圍廣闊，不禁聯想起台灣的核電廠如果碰到核災時，會有多少土地受到影響，以核一、核二、核四來看，台北市、新北市、基隆市，甚至到桃園縣、宜蘭縣，都很有可能面臨無法居住的情況。

可是台灣政府卻漠視這樣的危險，雖然口頭提到要往非核家園邁進，實際上卻強烈運作，務必讓核四順利商轉，甚至祭出不公平的核四公投，考驗台灣人民的反核意志。

台電與核能學界甚至將核電是最安全的能源掛在嘴邊，強調福島核災是上帝在幫人們做實驗，想要測試看看人類的核能安全已到什麼程度，每一次的災難對往後的核電廠反而是祝福。

核電真的是如此安全的能源嗎？這絕非事實。根據知名能源政策學者索瓦科教授（Benjamin K. Sovacool）的研究，在 1907 年至 2007 年這 100 年間，核電相關意外已經

導致 4,000 人死亡，比石油、燃煤以及天然氣等能源發電
造成的死亡人數還多。而其造成人民財產的損失高達 166
億美元，也比其他能源還高。（見圖 1）

圖 1　各類能源型態所造成的財產損失統計（1907 年至 2007 年）

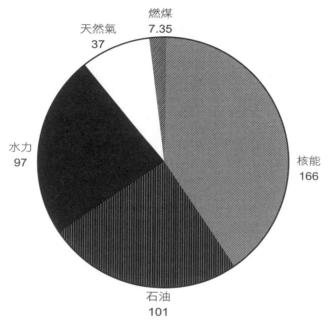

單位：億美元
資料來源：Sovacool, BJ, "The costs of failure: A preliminary assessment
of major energy accidents, 1907–2007", *Energy Policy 36,* 2008/05,
pp.1802–1820.

台灣核電廠都不符合選址標準

雖然台電的核電廠選址，規定核電廠 8 公里內不能有長度超過 300 公尺的活動斷層，不過核一、核二、核三、核四廠全部都不符合標準。核一、核二廠分別距離山腳斷層 7 公里、5 公里；核三廠距離恆春斷層 1.5 公里；而貢寮核四廠半徑 80 公里海域內有 70 幾座海底火山，其中的 11 座還是活火山。2010 年甚至在核四廠區外 1 公里處發現一處新斷層，雖然新斷層影響核四的狀況還在評估，卻已經說明核四廠所在位置的潛在危機（見圖 2）。

更慘的是，台灣 4 個核電廠的耐震度都低於這次發生核災的福島一廠。核一廠的耐震係數是 0.3G，核二、核三、核四的耐震係數是 0.4G，而福島一廠是 0.6G。耐震係數是指建物構造能承受多少的水平加速度搖晃，G 指的是重力加速度，1G 是指物體從天空落到地面，速度加快的程度。因此，耐震係數的數字越大表示能承受的震度越大，如果福島一廠幾部機組的管線、反應爐甚至圍阻體都因地

圖 2　台灣 4 個核電廠的潛在威脅範圍（半徑 30 公里）及地底斷層位置關係示意圖

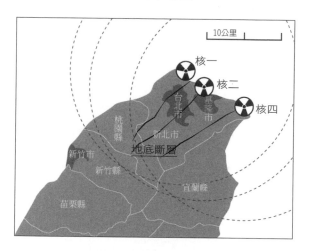

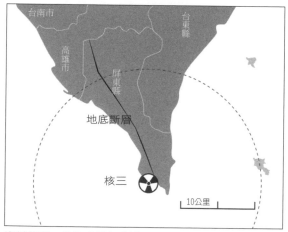

資料整理：綠色公民行動聯盟

震出現破損裂縫，導致搶救工程連連失效，使大量受輻射汙染的物質洩出。那相同的強度的地震如果發生在台灣，很難相信耐震係數差一截的 4 個核電廠都可以如原能會副主委黃慶東所說：「如菩薩坐在蓮花座上」，安然渡過。

《華爾街日報》就在 311 福島核災過後，以位處地震帶以及濱海等因素，將台灣 4 座核電廠評為最危險等級。只是面對這些質疑，台電都強硬否認，甚至誇口說出台灣核電廠比日本安全 10 倍的驚人言論。而前經濟部長施顏祥對於《華爾街日報》報導的回應，也只以「《華爾街日報》只是一般論述」、「會以投書方式向《華爾街日報》說明」，迴避質疑。

但除了《華爾街日報》以外，國際知名的風險評估公司 Maplecroft，亦指出台灣的 4 座核電廠是全球少數會同時遭逢地震、海嘯、洪水等三重威脅的廠址。[12] 羅德里格茲 - 維多在福島核災後則進一步鑑別出全球 23 座處於海嘯風險的核電廠，台灣核電廠全數入列。[13]

但經濟部與台電面對這些國際研究，均是採取否認的

12 Jonathan Owen, " More than one in 10 nuclear power plants at risk from earthquakes", *The Independent,* 2011/04/03, http://www.independent. co.uk/news/science/more-than-one-in-10-nuclear-power-plants-at-risk-from-earthquakes-2260817.html.

13 Rodriguez-Vidal J, Jose M Rodriguez-Llanes, Debarati Guha-Sapir., " Civil nuclear power at risk of tsunamis", *Natural Hazards 63(2)*: 1273-1278,2012.

態度，主因是其不願面對提升台灣核電廠的耐震係數所須付出的代價。

像是日本早在福島核災前就因為民間壓力，要求核電廠的耐震係數需由 0.6G 提升為 1G。濱岡核電廠評估，這至少要花 800 億日圓（約 235 億台幣），在無法負擔的情況下，選擇將老舊的第一、二號核電機組提前廢爐除役，其他機組則停止運轉；世界最大的核電廠柏崎核電廠在 2007 年地震後，7 座機組停機 2 年，並且東京電力公司承諾要將耐震係數再提高到 1.02G；復機後沒多久又發生福島核災，再度停機至今。

美國加州 Diablo Canyon 核電廠則是在建廠過程中，各界即對其耐震性提出諸多質疑，迫使最後耐震係數須提升至 0.76G。但最新調查顯示，電廠外海 1 公里處發現新的斷層，加州能源委員會因此要求電廠提出獨立的〈加州核電廠評估報告〉，並要求負責營運的 PG&E 電力公司提出長期地質評估計畫，並須定期回報在地質安全性上的實質作為。（見表 1）[14]

---

14 The California Energy Commission. 2008. An Assessment of California's Nuclear Power Plants http://www.energy.ca.gov/2008publications/CEC-100-2008-009/CEC-100-2008-009-CMF.PDF

表 1　台灣、日本、美國因應地震對核安威脅的具體防護做法

國家	核電廠	耐震係數	斷層距離	現況
台灣	核一	0.3G	山腳斷層：7公里	台電回應： 1. 已新增強震自動急停設備。 2. 經歷過民國95年恆春地震，核三廠安全無虞。
	核二	0.4G	山腳斷層：5公里	
	核三	0.4G	恆春斷層：1.5公里	
	核四	0.4G	六條「非活動斷層」：5公里 海底火山群：70公里	
日本	濱岡	原計畫將0.6G提升至1G	斷層經過廠址下方	提升耐震設計成本過高，決議拆除除役。
	柏崎刈羽	0.45G	震源：9公里。斷層經過廠址下方	1. 7部機組停機2年。 2. 東京電力承諾要將耐震係數提升至1.02G。 3. 311後宣布停機，至今未恢復運轉。
美國	加州 Diablo Canyon	0.76G	外海斷層：1公里	加州能源委員會提出評估報告，要求負責營運的 PG&E 公司提出長期地質評估計畫，並將地震因素納入執照更新評估。

資料整理：綠色公民行動聯盟

　　事實上，要求蓋好的核電廠提升耐震係數是非常困難的事，投入的金錢和時間都難以估量，特別是電廠原先的空間設計，很難允許再放入為了提升耐震係數的結構補強，所以對於熟悉核電廠興建與設計的人來說，提升耐震係數和打掉重蓋的困難度可能差不了多少。這也是為什麼311福島核災後，台電和政府只敢以一些模糊的字眼，如「提升安全防護」、「將海嘯納入考量」等回應來唬弄全民，而不敢承諾將過低的耐震係數提高至具體目標，或是提高檢測標準的具體內涵。

　　而核能本身既為高風險的能源，到了台灣這個先天地質條件脆弱的地方，卻又因後天廠址設計與管制上的輕忽，致使生活在這片土地上的人民，籠罩在高度核安風險之下。

　　再者，原能會把核電廠半徑8公里的區域劃為「緊急應變計畫區」，完全忽略國外核災發生的實際情況，讓民眾誤以為核災發生與多數人無關。

　　以國外已發生的核災為例，蘇聯車諾比核災一開始的

緊急應變計畫區是出事電廠半徑 30 公里，福島核災則是
20 公里，不過在緊急應變計畫區之外，仍舊測得到高於標
準的輻射劑量。如果台灣採用車諾比核災半徑 30 公里的
疏散標準，那包括台北市、新北市、基隆市、宜蘭縣、屏
東縣，有將近 600 萬人都生活在緊急應變計畫區範圍內，
超過全國總人口 1/4。（見前圖 2 及表 2）

表 2　台灣四座核電廠周邊人口分布

距離	8 公里	30 公里
核一廠	18,114	3,755,533
核二廠	48,776	5,410,496
核三廠	27,475	56,651
核四廠	18,180	576,776

資料來源：台電公司，台灣南北部地區居民生活環境與飲食習慣調查計畫，
2012

另外，大台北重要的水源翡翠水庫集水區，距離核一
廠 37 公里、核二廠 26 公里、核四廠 9 公里，如果發生核

災，最快 6 小時、最慢一天半，水源就會被輻射汙染，屆時大台北地區用水將受到很大的影響。核電廠的安全與台灣居民息息相關，一切都該以最高標準看待，豈是原能會、台電以傲慢的態度掛保證核電一定安全就可以輕鬆帶過？

發展核電，不再是執政黨說了算

日本、韓國 2012 年的選舉結果揭曉了，韓國主張反核的總統候選人落選，日本自民黨的安倍新內閣也被預期會重新擁抱核能。雖然在這歷史的關鍵，我們無緣看到日韓是由反核主張者執政，但是福島核災後所激起的反省與改變已經發酵，關於核電，可能已經不再是執政黨說了算。

獨立參選、後來加入民主統合黨的韓國首爾市長朴元淳就委請獨立的國際能源團隊，協助評估「分散式能源系統的可行性」；而日本新內閣在媒體報導「可能興建新核

電廠」、「不接受前政府非核規劃」之後,也出面澄清修正「不會馬上下判斷」,而且表示「理所當然要減少對核電的依賴」。

在台灣,就算政府一再保證核能發電的安全性,也無法解決民眾對核電安全的疑慮。根據台灣永續能源研究基金會在 2013 年 2 月公布的民調,有 52.4%的民眾不支持興建核電廠,45.1%的民眾支持在核能安全規範下興建核電廠。《財訊雜誌》在 2013 年 3 月的民調也顯示,有 77%的民眾反對核四,更有 52%的受訪者認為,核四工程無論再花多少錢,都不可能保障安全。

2013 年 3 月 9 日,綠色公民行動聯盟與台灣多個民間團體共同舉辦的廢核大遊行,在北、中、南、東四地吸引超過 20 萬名的民眾參與,大家的共同心聲,就是「反核,不要再有下一個福島」。

311 福島核災不是用來遺忘的,也不是用來紀念的,反而提醒著大家,那些犧牲與災難根本還沒結束,堅定擺脫核依賴的意志與努力的腳步,應該要再加快。

第二章

核四爭議

錢坑核四

消失中的福隆沙灘

對貢寮鄉的鄉民來說，核四還沒開始運轉，危害早已經造成。

出生於草嶺古道山上的楊貴英，對於福隆沙灘，有著難以割捨的情感。

這段從鹽寮延伸過來的金黃色沙灘，沙質柔細、沙層厚實，早在日據時代就是著名觀光景點。加上雙溪河在福隆出海，形成內河、外海的獨特自然景觀，內灘與外灘更是許多遊客戲水、享受日光浴的地方。

楊貴英曾在這裡工作 10 多年，看著沙灘年復一年的穩定運作。夏天吹西南風，把福隆的沙吹向北邊的鹽寮灣岬角，冬天吹東北季風，再把鹽寮灣岬角儲存的沙給吹回福隆沙灘，如此週而復始。即便碰到颱風把沙捲走，過一陣子，沙灘也會慢慢自行復原。

只是自從核四廠用來運送重機械的重件碼頭興建之

後，一切都變了。

　　她發現，福隆沙灘的沙正在流失，原來一條又厚又寬的沙灘，現在變得更窄，而且也越來越薄。過去在上面必須是開沙灘車才不會陷下去的沙灘，現在一般轎車都可以開上去。而且現在的沙只要一被捲走，就回不來了。

　　問題就出在重件碼頭的設計。在鹽寮灣岬角南邊的碼頭，北邊長堤比南邊長，夏天吹西南風時，原本被吹到鹽寮灣岬角的沙不是落到外海，就是進入碼頭裡，到了冬天吹東北季風，碼頭裡的沙因為北邊長堤阻隔，無法流出，而原來被吹到外海的沙又無法回收，因此讓福隆的沙灘漸漸流失。

　　現在的福隆沙灘，沙子不再是漂亮的金黃色，甚至有些沙灘已出現礫石。海岸線也因為持續流失的沙灘而一直往後退，距離民宅越來越接近。

　　蓋碼頭毀掉沙灘的例子並不罕見，尤其是東北角。像是深澳油港毀了基隆瑞濱海水浴場、貢寮和美漁港毀了金沙灣，又或是烏石港毀了頭城海水浴場。而眼見福隆沙灘

就要被核四廠的重件碼頭給摧毀。

　　這片沙灘，其實就是每年貢寮海洋音樂祭的場地，然而很少人知道，這裡距離核四廠不到 3 公里。站在沙灘上往北方看，就可以看到核四廠高高的煙囪，在外海不遠的地方就是一個一個的出水口。如果碰到與福島同樣的核災，排放輻射水的地方，就是每年數十萬人戲水的福隆海水浴場。

　　而出水口下方正好有珊瑚礁聚集。貢寮居民長期進行監測，發現在核四海岸工程興建期間，因為大量泥沙排到海裡，造成珊瑚出現白化、死亡的現象。雖然在興建完成後，珊瑚有慢慢回來，但擔心未來開始運轉後，排水的溫度比海水溫度高，又開始讓珊瑚走向死亡。

　　生態破壞只是興建核四的部分代價，對貢寮居民來說，生活才是更該煩惱的問題。

　　為了興建核四，300 多戶住民被迫遷離家園，而核四外的鹽寮灣則禁止捕魚，讓原來賴以維生的漁民頓時失去生計來源。

　　楊貴英強調：「建核四真的是一個得不償失的產業，還沒蓋好就已經對地方造成很大很大的損失，蓋好之後又對地方（鄉親）的身體安全付出很大的代價，這絕對不能做。」

核四的一筆爛帳

　　想要算清楚核四的真實成本，光是成本認列就會引起爭議。

　　在 1991 年的最初版本，核四投資總額是 1,697 億元，2004 年、2006 年、2009 年 3 次追加預算，讓總投資金額增加到 2,737 億元，與原來的規劃相比，投資金額已經增加超過 60％。

　　但是從 1999 年核四動工開始到現在已經超過 14 年，完工時間仍遙遙無期，三不五時還會爆出事故與弊案。2012 年，台電提出要再增加 102 億預算，甚至在 2013 年再度追加數百億預算，這次終於因為民怨反彈，2013 年 3 月行政院院長江宜樺宣布將興建核四的決定交付公投，在

公投完成前不予追加預算。

　　有媒體估計，要讓核四廠開始運轉，還要追加 462 億元，將使核四總預算增加至 3,300 億元以上，而且台電也無法保證這是否會是最後一次追加。（見表 3）

表 3　核四建廠數次預算追加的時間與額度

時間	追加金額	累計投資金額	備註
1991 年		1,697 億元	
2004 年	190 億元	1,887 億元	
2006 年	448 億元	2,335 億元	
2009 年	402 億元	2,737 億元	
2013 年	因應日本 311 強震加強防震措施，新增約 102 億元	2,838 億元	2013 年 3 月至 6 月於立法院進行審查。
未來	據媒體估計，至少再追加 462 億元	3,300 億元以上	行政院長江宜樺宣布在核四公投前不追加預算。

注：本表數字均已四捨五入
資料整理：綠色公民行動聯盟

　　這可能還是低估的數字，因為除了無止盡的興建預算以外，還有後續的核燃料、運轉維護、除役、核廢料處理等成本，最保守估算，如果核四投入運轉，至少還要付出 1 兆 1,256 億元。（見表 4）

　　經濟部說，核四廠已經花了 2,838 億元，所以停建核四將造成平均每位國民浪費 12,340 元，卻沒有告訴我們，繼續興建核四，未來全民還要付出高達 1 兆 1,256 億元的代價，等於平均每人還要付出 48,939 元的費用。這還沒有包含除役時的土地復原成本，如果意外發生核災，天價損失不是我們可以負擔。

　　日本經濟研究中心估計，311 福島核災的復原成本將達 2,500 億美元（約 7 兆 5,000 萬元），大概是台灣一年國內生產毛額（GDP）的 60％。[15] 而法國核能研究所估算，若福島核災發生在法國，經濟損失更將達到 5,800 億美元（約 17 兆 4,000 萬元），是法國一年國內生產毛額的 20％，更高於台灣一整年的國內生產毛額。[16]

---

15 Tatsuo Kobayashi, "FY2020 Nuclear Generating Cost Treble Pre-Accident Level--Huge Price Tag on Fukushima Accident Cleanup", *Japan Center for Economic Research*, 2012.

16 Ludivine PC and Momal P., "Massive radiological releases profoundly differ from controlled releases", Eurosafe Forum, 2012, .http://www.eurosafe-forum. org/userfiles/file/Eurosafe2012/Seminar%202/Abstracts/02_06_Massive%20 releases%20vs%20controlled%20releases_Momal_final.pdf.

表 4　以維護核四安全順利運轉 40 年計算，仍須繼續投入的花費

項　目	經　費	備　註
台電稱為因應日本 311 強震而加強防震措施的新增經費	102 億	行政院已核定，將於 2013 年 3 月至 6 月在立法院審查。
興建至完工還須投入之經費	至少 462 億	以 3300 億扣除目前已核定的 2838 億來計算。但還不確定 3300 億是否能讓核四完工。
核燃料成本	3800 億	以每度核電燃料成本為 0.32 元，核燃料年均漲幅預估為 1.7%，每年發電 193 億度，運轉 40 年來計算。(注1、注2)
運轉維護費	3800 億	以每度核電運維費為 0.49 元，每年發電 193 億度，運轉 40 年來計算。
除役成本	1860 億	採用經濟合作暨發展組織核能署（OECD/NEA）所彙整之資料估計，BWR 機型平均除役單位成本為 420 USD/kWe，但最高可達 2300 USD/kWe。還未計算入土地復原成本(注3)。
高階核廢料處理費用	1100 億	台電表示目前台灣高階核廢料處理費用是參考瑞典經驗進行估算，然其瑞典輻射安全局於 2011 年指出該國的後端處理的提撥費用，應該現行的每度 0.01 克朗，由提高至 0.037 克朗(注4)，顯見台灣目前估算方法已不適宜。因此本評估中，則參考英國高階核廢料處理的費用預估。依據英國放射性廢棄物管理委員會估算，一噸用過核燃料處理成本將達 4500 萬台幣(注5)，核四營運 40 年間總共產生 2430 噸高階核廢料(注6)。
低階核廢料處理費用	132 億	採用國內既有低階核廢料最終處置之成本為基礎，依核四運轉 40 年總計將產生 24 萬桶估算。
總計	至少 1 兆 1256 億	

注 1. 2013 年台電預算書
注 2. 台灣電力股份有限公司，燃料成本變動對台電公司之影響評估及因應對策研擬，研究計畫 TPC-546-4838-9901, 2011。
注 3. NEA, Decommissioning Nuclear Power Plants: Policies, Strategies and Costs, OECD, Paris, France, 2003
注 4. Swedish Radiation Safety Authority, "New calculations provide increased nuclear charges（Nya beräkningar ger ökade kärnavfallsavgifter）" http://www.stralsakerhetsmyndigheten.se/Om-mymdigheten/Aktuellt/Nyheter/Nya-berakningar-ger-okade-karnavfallsavgifter/
注 5. Jackson Consulting. 2011. Subsidy Assessment of Waste Transfer Pricing for Disposal of Spent Fuel from New Nuclear Power Stations. Independent Report for Greenpeace UK • 2011/03/01
注 6. 環興科技股份有限公司，《放射性廢棄物管理政策評估說明書》，行政院原子能委員會放射性物料管理局委託研究計畫，2010，http://www.aec.gov.tw/webpage/UploadFiles/headline_file/2010255142002.pdf

　　但是台灣呢？如果 311 福島核災發生在台灣，經濟損失是多少？經濟部完全給不出任何數字，只是一直說核電一定安全。如果核電真的安全，那福島核災、車諾比核災、三哩島核災又怎麼會發生？

　　以台灣目前的核災賠償法規，核災賠償上限只有 42 億，遠不及核災產生的損失。若不幸發生核災，就算只影響生活在核電廠周圍 30 公里的 600 萬居民，平均每人也只有 700 元的核災賠償，這 600 萬人可以說是隨時都活在生命財產可能立即失去的恐慌中，我們對於核災的評斷難道不該更小心？

不安全的核四工程

恣意分包，拼裝車上路

　　很多人都會覺得，核四廠設計與興建的時間比核一、二、三晚得多，理當有比較進步的技術和經驗，應該比老舊的核電廠更安全，所以應該要以核四來替代核一、核二

的供電，比較能保障安全。理論上來說，這樣推想或許沒錯，不過以目前的工程狀況來看，卻是完全相反的。

首先，要先從「統包」跟「分包」講起。全世界絕大多數的核電廠，都是採用「統包」的方式，由一個得標的統包商負責整個電廠興建的統籌，根據電力公司開出的規格需求，從設計、施工到測試，陸續完成，再交給電力公司進行運轉和管理。

「統包」並不意味著所有的元件都由統包商所生產，但會依循著相對有經驗的工程施作方法、流程和系統整合規範來進行，雖然仍無法完全保證電廠日後運轉絕對安全無虞，但由統包商在建廠過程中從頭到尾把關、負責，將核電廠複雜的各個要件完工並組裝整合起來，再交付運轉。

可是核四廠卻選擇了另一個風險更高，更難掌控的「分包」作法。因為當初各方國際勢力的角力與覬覦，最終放棄了「統包」做法，將核四龐大的建廠利潤拆解分給美、日等跨國公司。核四最重要的核島區，設備提供者分

別由美國奇異、日本日立、東芝、三菱得標，最後再由台電公司自己進行最複雜、困難的統籌施工和整合工作，擔起整個核四建廠的責任。

　　然而這樣的分包模式會有什麼影響？舉個例子來說，如果中華航空公司想要擁有一架波音747，那麼應該直接向波音公司買一架過來，再由華航的機師操作飛行，也就是由波音公司來統包生產這架波音747。如今我們讓一個毫無興建核電廠能力與經驗的台電公司來負責、統籌核四的興建，就有如沒有生產飛機經驗的中華航空公司想要一架波音747，卻不直接跟波音公司買，反而自己跟波音公司買部分設備，跟別的公司買其他設備或零件，然後自己捲起袖子要來造出一架波音747一般，既荒謬又危險。

　　然而，核電廠運作的複雜度遠遠超過波音747，所以這般恣意分包，東買一個西買一個的做法，就會造成元件與元件間的界面複雜度大大提升，系統混亂而難以掌控，所以才會被核電專家戲稱為「一部搖搖欲墜的拼裝車」。更令人擔憂的是，這麼不穩定的系統整合界面，卻要交由

毫無整合經驗的台電公司獨自完成，這是荒謬中的荒謬。

獨一無二的數位儀控系統

而核四荒腔走板的建廠行徑，絕對不只這一樁。核四廠在設計之初，因為對自己的能力太過自信，所以將日本同型電廠須分為 13 個獨立運作的數位儀控系統（DCIS）整合成全球首次採用的單一數位化系統。

大家或許會問，這樣會導致什麼結果？其實台灣民眾早就吃過苦頭，就是台北捷運的文湖線。文湖線之所以會在通車初期發生一連串出包事故，就是因為木柵線的系統和內湖線的控制系統在訊號上無法穩定整合所致。

而現在，台電最頭痛的問題，就是當初這個「獨步全球」的設計。這個設計使得訊號輸入點過多，難以整合，測試時就出現高度的不穩定。訊號輸入點本來就是用來偵測核電廠是否正常運轉的工具，當訊號出現異常，就可以提醒核電廠員工有異狀須盡快排除。但系統不穩定的結果，就是當系統偵測到異常，卻找不出問題所在。台電一

位資深的工程師私下提到,過去能夠簡單排除的局部小錯誤,在這個實驗品中,卻會禍延整套系統,帶來難以預估的影響。

針對上述這些問題,民間團體或是專家學者當初並非沒有提出懷疑,甚至台電內部的資深技術人員也在當時發出了警告。然而,這些警告跟懷疑,都被台電看似專業的安全保證給一一打回,如今看來,似乎都成了一步步成真的預言。

光是 2010 年,核四就被踢爆發生 10 多起意外事故和設計錯誤。像是 3 月底,在測試階段的一號機主控室發生火災,儀控設備中的不斷電系統故障失靈,造成當中 3/4 的電容器、73 片系統控制處理器被燒毀,用來緩衝異常電流的突波吸收器也盡數短路。當時,主控室的顯示盤面失去電力,工程師因此無法掌握核電機組的溫壓、冷卻水流、水位,就像矇著眼睛開車一樣。如果這場意外發生在核電機組運轉的時候,後果不堪設想。

台電一位內部工程師直言,這起事故會因為幾個電容

器起火就導致顯示盤面失去電力，就是因為核四採用單一的數位儀控系統，才無法將局部的錯誤控制下來。

5月底，又發生主控室電路設備爆炸短路，這次的原因是核四工人使用吸塵器及毛刷清理不斷電系統電盤，產生靜電導致變阻器（MOV）燒毀。

7月9日，核四廠區又發生28小時大停電，停電時間之長遠遠超過全世界核電廠規定的8小時可應變時間。這次的狀況出在一連串的施工錯誤，讓廠外向廠區輸配送電的電路系統高溫燒毀。如果發生在核四正式運轉的時候，就將如同這次311福島核災的核電廠一樣，因電廠失去控制核電機組冷卻系統的能力，導致爐心熔毀。

而這次意外發生的時間，恰巧是貢寮海洋音樂祭舉辦的時候。數十萬遊客正湧進離核四廠只有3公里的福隆沙灘。原能會在事後坦承，並沒有任何疏散計畫能讓數十萬遊客快速撤離。

胡亂更改設計，原廠都不敢認證

更離譜的是，2010 年 7 月中爆出核四主控室電纜鋪設的設計錯誤，嚴重的話可能會引起控制系統訊號干擾，使核電機組失控。台電的簽約顧問公司 URS 嚴重警告：「核四廠全廠須重新設計，否則將會釀成重大災害。」

到了同年年底，又爆出不只是主控室設計錯誤，整個廠區的光纖電纜都因為趕工，全部得重新鋪設，工期因此延宕 10 個月。

趕工，就是整個核四工程令人擔憂的另一個原因，而這跟總統府與行政高層的態度有密切關係。

早在 2008 年 2 月總統大選前，當時還是總統候選人的馬英九就提出「核四不但要續建，還要速建，讓核四儘快完工，提供更多不會排放二氧化碳的能源」的政策。上任之後，時任行政院長的劉兆玄即在院會中裁示：「核四應儘速於明年完工商轉」。之後接任的吳敦義更說出「要以核四完工作為百年大禮」的荒謬言詞。

反應到實際的工程施作上，就是一切以趕工為目標，

而非確保安全。因此台電在不知會原廠的情況下，擅自更改設計，讓核四廠的安全大打折扣。

2008 年 2 月，原能會就發現台電有 395 個地方違規自行變更設計，其中反應爐緊急冷卻水道支架焊接工程沒有按照設計，如果爐心漏水、冷卻水又故障無法補充，可能讓大台北地區民眾曝露在輻射死亡之下。原設計商奇異公司表示：「台電自行變更相關材料與施工規範，會導致安全可靠度出問題，須由台電負責。」

2011 年 3 月，審計部、原能會調查發現，台電刻意隱瞞、規避原能會定期檢查，擅自違法自行變更核四與安全有關的設計高達 700 多項，包括美商奇異公司設計權限、攸關運轉核心的「核四廠核島區」設計；未來核四廠運轉後一旦發生問題，奇異公司將不用予以理會、協助處理。

2013 年 3 月，審計部又公布台電變更核四廠的設計中，有 46 項還沒獲得奇異公司核定。而面對這個情形，作為核四工程的主管機關的原能會，雖欲就各項施工問題加以開罰，甚至要求重新施工，然在趕工至上的大旗之

下，實際的狀況卻是台電董事長直接會同行政院高層，向原能會施壓，要求其撤銷各項罰則。

　　除了變更設計以外，核四廠還出現過大大小小匪夷所思的工安事故。像是 2010 年 1 月 5 日發生深夜火警，起火原因疑是電線起火；2010 年 8 月 7 日因為設備雨水滲積的問題，造成主要輸電系統所有變壓器都同時跳脫，連三天供電異常；2011 年 1 月底，原能會發現核四廠區內有多處重要電纜線被老鼠咬毀。台電對此表示：「我們會再想辦法，多編列一些預算添購捕鼠器。」

　　核四的安全問題，就在先天不良的因素下，再輔以後天台電和得標包商品質低落的施工、監工，於是造就了現在這副事故連連、不斷延期又無止盡追加預算的錢坑大爛帳的模樣。核四內部的工程師也私下坦言，不管是分包拼裝所帶來的混亂，還是單一數位儀控系統造成的不穩定，又或是 10 多年來良莠不齊的施工品質和文化，現在都找不到根本的解決之道，「只能走一步算一步，盡最大的努力讓它不要出問題。」

核能發電的運作風險本來就難以掌控，如今核四卻又因為一連串荒謬的「人禍」，使得系統體質更加的脆弱和不穩定，根本拿不出辦法解決。核四的基層工程師就曾私下氣憤的表示，到現在台電的高層還是不跟經濟部和行政院說實話，不讓決策者確實了解目前廠區工程的真實狀況，只會向行政院做出不可能達成的完工承諾，再回過頭來要求大家趕工，如此更導致工程品質的低落，讓台灣人民身陷核災危機之中。

311 福島核災發生後，雖然行政院改採確保安全無虞做為首要目標，但監督機制並沒有改變。核四安全監督委員會的委員們提出質疑，指出若繼續依現行模式施工，無法確保安全。甚至原能會副主委謝得志、核工專業監督委員林宗堯，以及土木結構專業監督委員陳慧慈都辭職明志，但高喊要「安全無虞」的執政團隊，卻依然麻痺。

現在因為媒體關注核四的工程問題之後，林宗堯建議的強化安全檢查小組與專家監督小組才在 2013 年 4 月倉促成立，從頭到尾檢查核四廠就要花上 1 年，還有多少問

題沒有爆出來呢？

國外專家審查無法保證核電廠安全

　　核四屢次發生工程問題，民眾感到惶惶不安。但這時，政府與台電公司端出「將委請國外專家進行審查」來試圖說服大眾。但此舉就能確保核四安全嗎？

　　其實，台電所稱的會同國外審查，主要是透過世界核電協會（World Association of Nuclear Operators, WANO）進行同業審查。世界核電協會，顧名思義就是一個由國際核電公司組成的協會，它的網頁介紹載明：「提供會員有關營運績效的建議」，例如其他國家的營運經驗及指標。換言之，這個目的在於增進會員營運績效的互助團體，從不是在國際上被認可，可以確保核能安全的團體。

　　從世界核電協會的審查機制來看，更可以看出這種審查方式的不可靠。

　　首先，世界核電協會會請會員推派接受過同業評估訓練的公司員工，籌組 20 人左右的同業評估團，在評估前

1～2 個月，評估團成員會收到評估電廠所提供的自我評估報告。之後再進入電廠進行約 20 天的評估作業，主要作業內容包括廠房檢查、作業觀察等。

可是看似嚴謹的同業審查程序，卻埋藏諸多問題。首先在評估項目上，雖然對核電廠有基本要求，但是完整的項目還是可以由評估電廠自行決定。也就是說，如果電廠想要隱瞞有重大問題的地方，是可以透過程序避免審查的。

再者，這份審查報告屬於商業機密，所以世界核電協會強調，在沒有獲得其區域理事會及成員同意前，不得將報告內容釋出給第三者。因此，台電可以用這個保密條款，拒絕公布審查結果。所以過去台電既有的核電廠雖然已經接受同業評估，原能會都沒有辦法得到評估報告，如此一來，核四的同業審查，跟黑箱審查有什麼兩樣？

諷刺的是，2011 年發生核災的日本福島第一核電廠，2009 年才通過世界核電協會的同業審查。從災後各方揭露的各種缺失來看，突顯出這樣的同業審查只有形式上的功

能，無法保證核電廠安全。

　　這樣的結果並不意外，因為想要成為審查團成員，只要受過審查訓練就好，就算成員出自核電安全紀錄很差的電廠，仍然可以是「專家」。且看台電某工程師在 2011 年 3 月參與濱岡核電廠審查所寫的報告，他寫道：「該電廠就事前準備的參考資料豐富，並把該廠的改善努力突顯出來給評估員參考，也是非常積極的作法。」完全沒有同業審查時該有的嚴謹批判態度。[17]

　　但是這樣的審查卻可能成為政府興建核電廠的正當理由。近期爭議不斷的印度古丹庫蘭（Koodankulam）核電廠興建案，在印度原能部送交世界核電協會進行 5 個星期的同業審查後，做出除了簡單疏失外，安全無虞的結論，2013 年 5 月，印度最高法院以此駁回核電廠不得營運的公益訴訟，因為最高法院認為，專家認為核電廠的營運不會對周遭民眾的生活產生不良影響。

　　協助德國聯邦環境部進行核能安全與核災風險評估、分析，以及制度設計的專家克里斯多夫博士（Christoph

---

17 洪慶典，參加世界核能發電協會東京中心於日本濱岡核電廠執行之同業評估，台灣電力股份有限公司，2011。

Pistner）對於台灣政府要找世界核電協會來作核四安全的國際專業審查，他回答得很簡單，要找的應該是 regulator（安全規範管制者）而非 operator（核電營運者）。

2013 年初，法國核能管制局前局長拉柯斯特（André-Claude Lacoste）應邀來台訪問時也指出，世界核電協會過去進行的同業審查，目的是為了「協助電力公司能更順利的運轉」，審查內容基本上不涉及核能安全，比方電廠設計等。

曾經在 2005 年就警告福島核電廠，將使用過的燃料棒儲存在核電廠內冷卻池中很危險的國際能源與核電政策專家麥可施耐德（Mycle Schneider）在 2012 年來台訪問時，直言世界核電協會的評估可信度極低。他當時比喻：「當你要評估喝酒對身體是否造成健康風險，會找酒商同業公會審查嗎？」而世界核能協會（World Nuclear Association）就是同業公會，豈會講出不利於核電廠的話？

台電花了 20 多年的時間跟台灣社會保證核四的安

全，結果不僅沒有比核一、二、三安全，最後還搞出這麼一個完全失控的怪獸。福島核災用如此苦難來提醒世界，核災不是有如中樂透的機率問題，而且只要發生重大災難，就是核電廠方圓數十公里的土地無法使用。或許我們也該仔細思考，是否該從這筆爛帳中認賠殺出？

台電的核電謊言

謊言 1：核電真的是便宜能源？

　　為什麼不能放棄核電？台電的說法是核電是最便宜的能源，遠比火力發電或再生能源低許多。的確，根據台電的數字，2012 年度的平均發電成本每度電僅為 0.72 元，參照國際能源總署資料所彙整的各國核能發電成本，可以發現這個數字遠遠比瑞士、荷蘭、德國、日本等已開發國家都至少低一半以上，對一個核能發電原料百分之百進口的國家來說，這個數字真是不可思議，難道是台電的發電太有效率，所以成本比其他國家低嗎？（見表 5）

表 5　各國核電發電成本比較

國家	機型	發電成本（元／度）
德國	PWR	2.64
瑞士	PWR	4.34
荷蘭	PWR	3.36
日本	ABWR	2.45
韓國	OPR-1000	1.55
中國	AP-1000	1.75
台灣	PWR、BWR	0.72*

* 台電 2012 年的最新數據
資料來源：IEA, Projected Costs of Generating Electricity 2010 Edition, 2010。報告中假設核電廠營運年限為 60 年，本表換算成 40 年，以利比較。

　　為什麼台灣的核電廠成本可以如此低廉，也許我們可以從台電公布的成本資訊來推斷。根據台電公布 2012 年的資料，目前既有核電的發電成本中，以核廢料處理及核電廠除役等後端費用最高，占 23.8％，其他人事行政等營運費用次之，而硬體建設的折舊費用僅占 8.6％，還低於燃料成本。（見圖 3）

圖 3　台電 2012 年核電發電成本結構

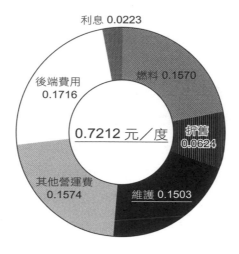

單位：元／度
資料來源：台灣電力公司網站

　　這樣的成本結構跟國際各國的成本結構有很大的不同，根據國際能源總署（International Energy Agency）的資料顯示，硬體建設的費用通常都占核電發電成本 65％

以上，但台灣卻只占 8.6％。台電對此解釋，這是因為運轉中的核一、核二及核三廠建廠成本都已經折舊、攤提完畢，加上核燃料價格比較穩定的結果，但這卻說明一件事，不是現在的核能發電成本便宜，而是過去我們早就已經先多付出建廠成本。

另外，從台電提供的核電發電成本的變化趨勢（見圖4）中也可以看到，在近 20 年間，核電的單位發電成本幾乎折半。然而在這段期間，核電每年的發電量增加程度卻沒有超過 15％。因此推估台電採用了偏頗的折舊攤提年限設定，導致核電每年的發電成本可以逐年降低。

另外從各國的經驗來看，台電的核能發電成本還有很多地方明顯低估。

最嚴重的低估就在核廢料處理以及除役時的經費，台電現在預估每度電的成本為 0.17 元。其中既有的 6 座機組的核廢料處理成本為 3,300 億元，包括用過的核燃料棒等高階放射性廢棄物最終處置與電廠除役經費。

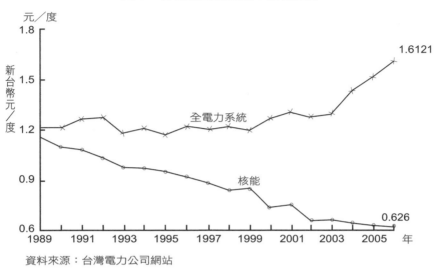

圖4　台電核電發電成本變化趨勢

資料來源：台灣電力公司網站

　　台電在估算高階放射性廢棄物最終處置費用時，主要依照瑞典經驗進行估算。不過 2011 年瑞典輻射安全局指出，該國的核廢料後端處理提撥費用應該從現行的每度 0.01 克朗，提高至 0.037 克朗，顯見台灣目前的估算方法已不適宜。此外依照美國育卡山（Yucca Mountain）核

廢料最終處理廠的規劃經驗，該計畫總預算已經從 2001 年的 575 億美元（約 1 兆 7,200 億台幣）飆升至 2008 年的 962 億美元（約 2 兆 8,800 百萬台幣）。[18]

如果參考英國放射性廢棄物管理委員會估算，一噸用過核燃料處理成本將達 4,500 萬台幣。以原能會推估的數字來看，台灣既有 3 座核電廠會產生 5,000 噸的高放射性廢棄物，估計光是這部分就需要花費 2,250 億元以上的處理費用。

在除役成本上，官方估計核一、二、三廠的總除役成本為 675 億元，估算依據則是美國核管會在 1995 年以及 1996 年公布的 NUREG/CR-6174 和 NUREG/CR-5884 兩估算方法。然而如果依據美國核電廠除役經驗，此類估算準則顯然低估了除役成本。以位於康乃迪克州的哈德姆內克核 (Haddam Neck) 的核電廠為例，其除役計畫原本預估為 7.2 億美元，但最終卻花了 12 億美元，增加了 80%。[19] 而參考美國與核二廠規模相仿、機組相同的錫安核電廠（Zion Nuclear Power Station）的除役計畫，其光除役所需

18 "Yucca Mountain cost estimate rises to \$96 billion", *World Nuclear News*, 2008/08/06, http://www.world-nuclear-news.org/newsarticle.aspx?id=20196
19 Lisa Song, "Decommissioning a Nuclear Plant Can Cost \$1 Billion and Take Decades", *Inside Climate*, 2011/06/13.

經費即超過 10 億美元（約 300 億台幣）。顯見國內現行估算，有所低估。

因此採用經濟合作暨發展組織核能署所彙整的資料估計，BWR 機型平均除役成本為 1 瓩 420 美元（USD/kWe），但最高可達 2300 美元。PWR 的平均除役成本為 1 瓩 320 美元，但最高可達 909 美元。因為現行除役成本均過於低估，因此取最高值來估算，則現行 3 座核電廠的除役成本至少將達到 2755 億元，是官方現行估計金額的 4 倍以上。

綜合以上分析，官方在核廢料處理以及除役成本上，低估將近一半，理應達到每度約 0.32 元。（見表 6）

表 6　既有核電廠除役成本比較

	低階放射性廢棄物放最終處置	電廠除役	蘭嶼檢整及蘭嶼減容除役	高階放射性廢棄物中期貯存	高階放射性廢棄物最終處置	廢棄物運輸	地方回饋	總費用	每度電攤提成本（元）
官方估計	376	675	11	390	1,382	238	281	3,353	0.17
綠盟估算	376	2,755	11	390	2,250	238	281	6,301	0.32

單位：億元

注：官方估算數據來自核能發電後端營運基金管理會網站 http://www.nbef.org.tw/index005_3.asp

　　而在核四方面，核四若要完工，其預算將增加至 3,300 億，依據官方估算，其發電成本均已達每度 2 元以上。若考慮到鈾燃料價格的漲幅、現行核廢料的處理成本的低估，那發電成本至少將達到每度 2.5 元左右。而且如果官方的成本估算不採用現行均化發電成本 2% 以下的折現率計算，而改採用國際上通用的 5% 折現率計算時，則核四的單位發電成本將會更高。倘若與其他能源相比，核四廠的發電成本已顯著高於風力發電成本。（見表 7）

表 7　各類型能源發電成本

發電類型	發電成本（元／度）
風力發電	1.86
太陽能	7.33
地熱	4.80
水力	1.32
核四廠	1.94
燃煤電廠	1.59
燃氣電廠	3.18

資料來源：蘋果日報引述台電資料，http://www.appledaily.com.tw/appledaily/article/headline/20110329/33281625/

謊言 2：台電真的有能力處理核廢料？

面對各國都無解的核廢料難題，台電總是信誓旦旦的說，國際間早已經有成熟方法，真是如此嗎？

在台電的分類中，核電廠所產生的放射性廢棄物可以分成高階與低階放射性廢棄物，高階核廢料是指用過的核子燃料或經過再處理所產生之萃取殘餘物；低階核廢料則包括電廠運轉期間受汙染的衣物、水處理殘渣、工具及廢棄的零組件、設備、樹脂、除役後核電機組體相關廢棄物。

針對「高階核廢料」，台電規畫的處理方式分為 3 個階段：

第一階段是濕式貯存：剛從反應爐退出的核燃料還會有殘餘的熱量及輻射線，因此必須存放在電廠內，置放於「用過核燃料水池」中一段時間，以進行必要冷卻。

第二階段是乾式貯存：用過的核燃料經過多年冷卻以後，殘餘熱及輻射線已經大幅降低，因此可以從水池中移出，在電廠內另外興建乾式貯存設施，將核子燃料放到金

屬容器裡，並填充惰性氣體以後密封，再將密封的鋼罐放入混凝土護箱。

第三階段是再處理或最終處置：再處理，指的是從用過的核子燃料中提煉出鈾與鈽，鈾與鈽可以製成原子彈；而最終處置是指找一個永久隔離人類生活圈的地方來置放這些高放射性廢棄物。

然而台電面臨的問題是核一廠區內的濕式貯存已屆飽和，需要興建乾式貯存廠，將部分用過的核燃料移過去。但弔詭的是，原本台電規畫的乾式貯存設施貯存量需求高達 8,448 束，卻因為設施位置在山坡地，因此環評送審時申請的貯存量只有 1,680 束。而依據估算，核一廠運轉 40 年所產生的核燃料棒為 7,532 束 [20]，因此其餘 5,852 束勢必仍必須繼續留在水池中，得等到核一廠永久停機，除役拆除時再進行最終處置。（見表 8）

至於再處理或最終處置，顯然台灣沒有再處理的能力，製造原子彈會引起美國制裁，所以只能找到最終處置場。國際上的共識是進行『深地層處置』，也就是把高階

---

20 環興科技股份有限公司，《放射性廢棄物管理政策評估說明書》，行政院原子能委員會放射性物料管理局委託研究計畫，2010，http://www.aec.gov.tw/webpage/UploadFiles/headline_file/2010255142002.pdf

核廢料埋到地底深處，可是目前這仍處於科學的理想情境，直到現在，還沒有一個國家有成功案例。像是美國原本要在內華達州育卡山設置最終處置場的計畫，即因為成本過高被迫放棄。

表 8　核一、核二、核三廠產生的高階核廢料統計表

	已產生之用過核子燃料數量	用過核子燃料貯存容量		
		用過核燃料池容量	乾式貯存場設置容量	合計
核一廠	5,726	6,166	1,680	7,846
核二廠	8,092	8,796	2,349	11,145
核三廠	2,525	4,320	—	4,320

注：用過核子燃料產生數量統計至 2013/04/08
資料來源：台灣電力公司網站 http://www.taipower.com.tw/content/new_info/ new_info-e31.aspx?LinkID=17，蔡春鴻，〈「核一、核二、核三廠用過核子燃料之貯存現況、乾式貯存與最終處置之規劃與執行情形，以及蘭嶼核廢料之最終處置執行情形」及「龍門電廠（核四）核子燃料購入及貯存現況」專案報告〉，2013/04/11，http://www.aec.gov.tw/webpage/policy/results/files/ results_01_102-6.pdf

　　高階核廢料的處理為什麼這麼困難？因為這些廢棄物具有強烈放射性，得隔絕人類生活圈至少數萬年，人類的壽命只有百年，當今有誰敢預料這些核廢料存在地底下數萬年都不會發生什麼問題？

　　台電總經理朱文成在 2013 年 6 月就當著媒體的面回答，關於高放射性燃料最終處置要花多少錢的問題，「沒有人做過，也沒有人成功過，世界上還沒有解決這問題，所以它要花多少錢，不知道。」

　　高階核廢料沒有解決方案，低階核廢料應該有吧！看來也不見得。

　　對於低階放射性廢棄物，台電打算設置最終貯存場來解決。原本將最終貯存場設在蘭嶼，以便研究海拋技術將核廢料桶投海。從 1982 年開始進駐的核廢料，到了 1996 年停止運送，總共接收 97,672 桶核廢料，其中 86,380 桶來自核電廠。

　　但是因為蘭嶼高溫多雨，部分核廢料桶在經過近 30 年後發生鏽蝕與破損現象，台電於是檢整重裝，讓核廢料

增加到 100,277 桶。

　　可是這個貯存場當初是以魚罐頭工廠為由欺瞞達悟人，因此達悟人要求將核廢料運出蘭嶼，台電得重新安排最終貯存廠址的選址，可能的地點是台東達仁鄉或馬祖烏坵。

　　台電不斷花錢刊載「低放射性廢棄物安全嗎？蘭嶼飛魚知道」、「低放選址潔能台灣，地球永續新藍海」、「低放廢棄物選址，節能護地球」等置入性報導，並在地方上發放傳單，放送著日本青森縣雖有低放核廢場，但是觀光活動依舊繁盛，青森蘋果以及海產銷量未受影響的消息；不然就是指出法國諾曼地半島的芒什（Manche），就算有低放射性廢棄物處置場，畜牧業仍舊很興盛的景況。藉由這樣的宣傳內容，想要減緩民眾對地區觀光及產業發生衝擊的疑慮，但在處理低放射性廢棄物的過程中，早就發生過多起環境污染事件。

　　例如 2006 年，ACRO 實驗室對法國芒什進行環境監測時，發現當地地下水層的放射性強度平均每公升達到

750 貝克（Bq/L），比歐洲合法安全值所限制的每公升 100 貝克（Bq/L）高出 7 倍；靠近核廢場的農地地下水層，放射性強度平均每公升達到 9,000 貝克（Bq/L），高出安全限制值的 90 倍。而這些地下水，就是當地畜牧業者的主要水源。

美國南卡羅萊納州的 Barnwell 儲放場附近的監測井也在 2008 年測得放射性物質氚，濃度每公升高達 1,830 萬 3,000 皮克居里（pCi/L），比飲用水標準每公升 2 萬皮克居里（pCi/L）高出 900 倍。而位於華盛頓州的里奇蘭（Richland）核廢場，更被質疑是造成鄰近哥倫比亞河中測得輻射的來源。

至於低階核廢料要存放多久才不會對人類產生危害，答案是 300 年，也就是說，當代的我們都看不到這些低階核廢料的最終下場，幸運的話，後代子孫不會受到影響，但是 300 年後的事情又有誰知道呢？

謊言 3：核能真的使用不盡？

「核電是能源匱乏的解藥」，這是一句核電擁護者常掛在口上的宣傳詞語，然而核電擁護者卻沒看到核能發電所需的鈾礦，也正面臨匱乏的危機。

瑞士蘇黎世理工學院的狄特馬博士（Michael Dittmar）2009 年指出，「最快在 2015 到 2020 年之間，全球即會面臨鈾礦產量高峰，產量將會持續下降。」[21] 而德國的能源監察小組在 2013 年發布的〈化石能源與核燃料供給展望〉中亦指出，在未來 10 年內全球面臨鈾礦供需缺口的風險極高。[22]

即使是推廣核能不遺餘力的國際原子能總署以及經濟合作暨發展組織核能署，在其 2011 年出版的鈾礦紅皮書中指出，全球確知具有開採成本競爭力的鈾礦蘊藏量為 330 萬公噸，而當前全球每年核能發電所需的鈾礦量為 65,000 公噸。因此在總裝置容量不增加下，既有的鈾礦蘊藏量，將在 50 年間使用耗竭。[23] 在鈾礦可能比石油更早面臨耗竭的狀況下，擴張核電因應能源匱乏，毋寧是自掘墳

21　Dittmar M., "The Future of Nuclear Energy: Facts and Fiction: An update using 2009/2010 Data" , 2011, http://arxiv.org/abs/1101.4189

22　Energy Watch Group. "Fossil and Nuclear Fuels–the Supply Outlook" , 2013, http://www.energywatchgroup.org/fileadmin/global/pdf/EWG-update2013_long_18_03_2013.pdf

23　蘊藏量資料是來自於 Nuclear Energy Agency, "Uranium 2011:Resources, Production and Demand" , OECD publishing,2011. 具有開採成本競爭力是指每公斤開採成本低於 130 美元。

墓的做法。

　　而鈾礦除了面臨資源稀少的問題以外，其開採過程亦會衍生極為龐大的環境代價。如 2011 年 1 月時，法國的核電集團阿海法（AREVA）坦承在尼日的鈾礦開採過程中，造成當地的輻射污染[24]。而在巴西的 Bahia 省的鈾礦產地附近，發現飲用水的鈾濃度超過世界衛生組織（WHO）核定標準的 7 倍[25]。鑑於鈾礦開採過程中的種種問題，1985 年獲得諾貝爾和平獎的國際防止核戰爭醫生組織（International Physicians for the Prevention of Nuclear War, IPPNW）在 2010 年 8 月舉辦的大會上，即通過了呼籲全球停止鈾礦開採的決議文。[26]

　　相較於國際社群，台灣於爭辯核電是否可做為減碳選項時，卻未能將關注焦點延伸至前端核燃料提煉與鈾礦開採過程的衝擊。若依據國際相關資料庫推估，台灣目前運作中的 6 個核電機組，每年所需要的核燃料量為 116 公

24　Greenpeace, "Left in the dust :AREVA's radioactive legacy in the desert towns of Niger", 2010,http://www.greenpeace.org/international/Global/international/publications/nuclear/2010/AREVA_Niger_report.pdf.

25　Greenpeace, "Drinking water contaminated around Brazil's Caetité uranium mine", http://weblog.greenpeace.org/nuclear-reaction/2008/10/breaking_news_drinking_water_c.html

26　International Physicians for the Prevention of Nuclear War, "International physicians group calls for ban on uranium mining", 2010, http://www.beyondnuclear.org/human-rights-whats-new/2010/8/31/international-physicians-group-calls-for-ban-on-uranium-mini.html

噸[27]，換算原料鈾的需求量為 984 公噸。而為了供應這些
核燃料，從鈾礦開採、濃縮、轉化等過程中，總共會排放
出約 120 萬公噸的溫室氣體，以及重金屬、粒狀污染物以
及輻射物質等，將對公眾健康造成莫大影響，此外，亦會
耗用 944 萬立方公尺的水。

　　澳洲《獨立週刊》（*Independent Weekly*）2010 年 5 月
報導，全球最大礦商必和必拓（BHP Billiton）任憑旗下奧
林匹克壩鈾礦區的礦工曝露在極高的輻射風險之下。而且
根據調查，該公司在接獲內部通報後，還涉嫌竄改監測資
料[28]；而 2009 年 7 月時，澳洲政府委託學者進行的調查則
發現，鄰近知名的卡卡度（Kakadu）國家公園的朗奇鈾礦
區（Ranger uranium mine），每天非法滲漏高達 10 萬公升
的廢水至園區之中。[29] 這兩個事件皆顯見核能發電所衍生
的環境代價。

27 台灣電力股份有限公司，台灣電力公司永續報告書，2009，http://www.
taipower.com.tw/TaipowerWeb//upload/files/26/ever2009_08.pdf
28 Hendrik Gout, "Roxby's radioactive risk", *The Independent Weekly,* 2010/06/04.
29 Beyond Nuclear, "Australian uranium mine leaking", 2009/07/12, http://www.
beyondnuclear.org/australia/2009/7/12/australian-uranium-mine-leaking.html.

謊言 4：核電真的可以減碳？

核電擁護者常常強調，核能發電過程中，因為不會直接排放出溫室氣體以及空氣污染物，所以比火力電廠更能減少碳排放。其實，從整個核電的能源鏈來看，從鈾礦提煉、硬體建設到廢棄物處理，都會排放出溫室氣體，並不是想像中那樣純淨無瑕的乾淨能源。

索瓦科教授在 2008 年整理國際上核能生命週期的溫室氣體排放量，發現每發一度核電，造成的平均溫室氣體排放量為 66 公克二氧化碳當量[30]，其中核燃料提煉端占了 38％。若保守的以平均值與其他再生能源相比，顯然是屬於高碳能源。[31]

史丹佛大學傑克伯森（Mark Jacobson）教授在 2009 年也指出，如果把興建核能的機會成本以及恐怖份子所造成的安全風險納入考量之後，核電的溫室氣體排放量將高達每度 180 公克二氧化碳當量，排放量為其他再生能源 3 倍以上[32]。（見圖 5）

---

30 二氧化碳當量（carbon dioxide equivalent）是測量溫室氣體排放的標準單位。因為溫室氣體不只有二氧化碳，還有甲烷、氧化亞氮和含氟氣體等，而不同氣體影響暖化的程度也不同，為了便於比較，所以將其他溫室氣體造成的影響全部轉換成相同當量的二氧化碳。舉一個例子，1 公克甲烷所造成的暖化效應是 25 克二氧化碳產生的暖化效應，所以如果排放甲烷 1 公克，那就是排放 25 公克的二氧化碳當量。

31 Benjamin K. Sovacool, "Valuing the greenhouse gas emissions from nuclear power: A critical survey", *Energy Policy 36*（2008）, pp. 2940– 2953, http://www.nirs.org/climate/background/sovacool_nuclear_ghg.pdf

32 Jacobson, M., "Review of solutions to global warming, air pollution, and energy security", *Energy Environmental Science*,（2009, 2）, pp.148–173.

圖 5　各類發電技術碳足跡比較

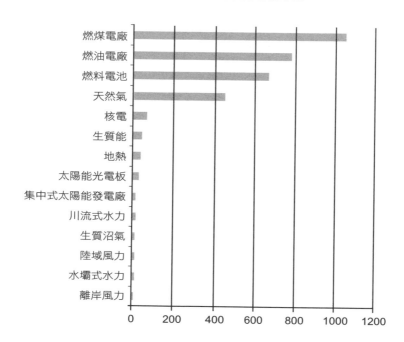

單位：公克二氧化碳當量／每度電
資料來源：Benjamin K. Sovacool, "Valuing the greenhouse gas emissions from nuclear power: A critical survey", *Energy Policy 36*, 2008, pp. 2940–2953, http://www.nirs.org/climate/background/sovacool_nuclear_ghg.pdf

　　美國能源專家羅文斯（Amory Lovins）估算，核電成本已經達到每度電 14 美分（約台幣 4.2 元），高於其他電力型態。以減碳的經濟性來評估，若以燃煤發電廠為基準，用核電取代燃煤發電機組，1 美元僅能減少約 8 公斤的二氧化碳排放，而其他再生能源、汽電共生等能源效率提升的效果，所減少的二氧化碳排放量會是核電的 1.5 倍至 11 倍。[33]

　　而且，一個地區如果核電發展興盛，發展再生能源的速度就比其他地區慢很多。美國佛蒙特法學院的資深研究員馬克‧庫柏（Mark Cooper）就分析，法國在能源效率提升以及再生能源發展上的成效，遠不及其他條件類似的歐洲國家；而在美國境內，未尋求新增核電廠的州，再生能源占總發電的比例是對照組的 10 倍，而且能源節約成效也是對照組的 3 倍。[34]

　　世界自然基金會（WWF）委託顧問公司 Ecofys 所進行的綠色新政評分卡評估報告也提到，對核電的補貼，將排擠其他再生能源投資，而核電的獲益多是集中於少數大

33 Lovins, A., and Sheikh, I. , "The Nuclear Illusion", White Paper, Rocky Mountain Institute, 2008.
34 Cooper, M., "Policy Challenges of Nuclear Reactor Construction: Cost Escalation and Crowding Out. Institute for Energy and the Environment." , Vermont Law Center. 2010, http://www.vermontlaw.edu/Documents/IEE/20100909_cooperStudy.pdf

公司之手，無助達成綠色新政中同時處理環境問題以及貧富差距的理想。[35]

謊言 5：停建核四真的會缺電？

沒有核四，真的會缺電嗎？

想要拆解台電的缺電謊言，得先了解幾個台電常掛在嘴邊的專有名詞。

第一個是「尖峰負載」。這是指一年當中，用電需求的最高數值，通常是以小時為單位。以 2011 年為例，用電需求最高的時間出現在 8 月 18 日的下午 2 點，用電量為 3,378 萬 7,000 瓩（33787MW），因此 2011 年的尖峰負載即為 3,378 萬 7,000 瓩（33787MW）。

第二個是「淨尖峰能力」，指的是各發電機組在正常發電情況下，可以提供的最大發電能力。像是核四廠的裝置容量為 270 萬瓩（2700MW），扣除掉廠內用電後，可以提供的最大發電能力為 256 萬 5,000 瓩（2565MW），這個就是核四廠的淨尖峰能力。

35 Höhne et al, "Scorecards on best and worst policies for a green new deal," commissioned by WWF and E3G., 2009, http://assets.panda.org/downloads/scorecards_2009_11_02_online_version_final.pdf

　　把淨尖峰能力減去尖峰負載，就是「備用容量」，顧名思義，就是預備給突然增加的用電需求的發電量。

　　而再把備用容量除以尖峰負載，就得到所謂的「備用容量率」。

　　為了避免缺電，政府會訂定一個合理的備用容量率，預備給突然增加的用電需求。目前官方設定的備用容量率目標為 15％，而 2008 年以來台灣的備用容量率則多在 20％以上。

　　而依據台電 2005 年向經濟部提出的「供電可靠度與系統備用容量率之分析」報告中，則指出合理的備用容量率可訂在 13％至 15％之間。

$$系統備用容量率（％）＝\frac{系統淨尖峰能力－系統尖峰負載}{系統尖峰負載}\times 100$$

$$＝\frac{備用容量}{系統尖峰負載}\times 100$$

　　而台電就是用這幾個名詞呼攏大家，說沒有核四，未

來一定會缺電，而且還要大漲電價。台電的說法是，以現在的電力成長幅度來估算，「1年需要1座核能電廠的電力」；我國2011年備用容量率為22.7％，隨著大林與林口兩座火力發電廠機組陸續除役，若核四廠不商轉，預估備用容量率將於2015年降至7.4％，恐會爆發限電危機。

只是這樣的評估背後有個試算的假設，台電認為台灣的尖峰負載每年要成長3.5％以上，增加相當於一個核四發電機組的淨尖峰能力的需求，作為推估基礎。因此2015年時的尖峰負載會比2010年增加13％。只是，這樣的尖峰負載增加量是核四可提供的淨尖峰能力的1.5倍。

也就是說，即使核四一號機在2015年順利運轉，發電量仍不足以應付台電所預期的用電增加量，看來1個核四廠不夠，得要多蓋幾個才行。

目前政府在分析限電風險時，設定的備用容量率目標都以15％為基準。然而台電在2005年向經濟部提出的《供電可靠度與系統備用容量率之分析》報告中，卻指出台灣的合理備用容量率可以訂為13％。而且自2005年以

來，電廠數目亦持續增加，故台灣的合理備用容量率依據限電風險的估算原理，應可持續下修至 12％以下。而非仍以 15％為標準，政府其實都在誇大核四停建的限電風險。

在經濟部提出的《核能議題問答集》中指出，在核四無法正常商轉下，因核一、核二廠以及既有火力發電廠陸續除役，預估北部電源在 2015 年將不足 117 萬瓩，2026年更會擴大為 300 萬瓩。未來即使可以透過輸電線將中南部電力北送支援，依然無法補足北部的電力缺口，將使得北部區域停限電機率大增。

只是經濟部沒說的是，目前台灣中北主幹線可靠送電能力在 2015 年為 272 萬瓩，在 2026 年左右亦可維持240 萬瓩。因此只要將北部電源缺口抑制在可靠送電能力之下，北部供電區根本毫無限電風險。且目前距離 2026年，還有 13 年的時間。

在未來這 13 年間，可藉由提升北部供電分區的耗電大戶，如竹科、桃園以及新北市工業區的生產設備的能源效率，抑制基本負載的增長。亦可藉由針對大型商場在空

調效率上的規範，抑制北部地區氣溫敏感負載的增長。

　　而非兩手一攤，只思考興建核四，不針對各項替代方案進行分析。編織限電風險，恐嚇民眾。

　　其實拿出近 10 年的尖峰負載數字，尖峰負載的年平均成長率只有 1.47％，比台電預估的成長數字少了一半，是台電認為台灣人一定要耗如此多的電嗎？（見表 9）

表 9　近 10 年台灣用電尖峰負載記錄

年份	尖峰負載（瓩）	尖峰負載成長率
2003	28594	5.45％
2004	29034	1.54％
2005	30943	6.58％
2006	32060	3.61％
2007	32790	2.28％
2008	31320	-4.48％
2009	31010	-0.99％
2010	33020	6.48％
2011	33787	2.32％
2012	33081	-2.09％

資料來源：經濟部能源局，中華民國 100 年能源統計手冊

　　長期以來，政府不努力做好縮小離尖峰差距以及抑制尖峰的負載管理，只是一味高喊「會缺電」，其實到底會不會缺電，關鍵並非核電機組是否可及時取代退休的燃煤機組，而是在於能否有效採取政策，抑制尖峰負載的成長。而且我們看到的是，政府透過補貼的方式，讓高耗能的產業可以便宜用電。其實台灣的用電上升幅度並沒有政府所恐嚇的那麼高。

　　以目前的備用容量率來看，如果 2015 年的尖峰負載可以維持在 2012 年的水準，就算核四沒有商轉，整體的備用容量率仍可維持在 18％以上，台灣便完全沒有缺電疑慮。

核四並沒有非建不可

　　綜上所述，政府宣稱一定要續建核四的理由全都圍繞著經濟發展、缺電、再生能源與節能四個方面來討論。回頭看 2000 年時，經濟部、台電與核能學會等專家官僚所提出的的理由，是多麼似曾相識？如今，核四還沒運轉，

2000 年提到的危機也沒全然發生，而且過去 10 年來，在替代能源的技術更為成熟，但是政府還是打算用這些老梗理由讓核四興建，不免太小看台灣民眾的智慧。（見表10）

表 10　核四非建不可的老梗理由

	行政院最新說帖	2000 年核四計畫分析資料
經濟面	能源成本上升，產生倒閉、裁員、外移等問題。	中研院梁啟源分析：停建將使 2006 年至 2009 年之間的整體物價上漲 0.22 % ~0.28 %，經濟成長率下降 0.09% ~0.11%
缺電	若中電北送電網發生異常，北部地區需優先執行分區停電。	需仰賴大量南電北送，影響供電可靠度。
再生能源	發展受天候、土地利用限制、不穩定、成本高、	不穩定，因此僅有輔助性並無替代性。
節能	只有面臨經濟成長減緩之下，才有可能達成抑制用電需求成長。	進一步節約用電空間已較有限，無法僅靠節約能源、提升能源效率、替代核四計畫。

資料整理：綠色公民行動聯盟

第三章

世界各國廢核趨勢

他山之石，可以攻錯

攤開全球的核能發展史，最早可以追溯到 1945 年 8 月，美國將原子彈投到廣島和長崎，造成數十萬人死亡，結束了第二次世界大戰，也讓人見識核子武器的驚人殺傷力。

在經過 10 多年的核子武器競爭後，1953 年 12 月 8 日美國總統艾森豪在聯合國大會上強調「核能的和平用途」（Atoms for Peace），把核能從製造武器用途轉變成發電用途；到了 1954 年，蘇聯建造世界第一座核電廠，接著英國在 1956 年、美國在 1957 年陸續興建該國第一個核電廠，人類正式踏入核能發電時代。

只是核能工業發展不過 70 年，核電發展也只有 60 年，大大小小的核災事故卻層出不窮。

1979 年，美國賓州三哩島核電廠因為機械失靈與人為操作疏失發生爐心熔毀事故，一度害怕引發氫爆，因此在 3 天後宣布撤離核電廠 5 英里內的孕婦與小孩。雖然在事故發生 5 天內解除危機，沒有死傷，也沒有顯著的輻射

外洩，但爐心熔毀超過 50％，產生 223 萬加侖的放射性汙水，光是清理現場就用了 8 年，花費 6 億美元。

三哩島核電廠事故的結果，就是掀起全球的反核風潮，美國也因此停止任何核電廠的新建與增建，直到 2012 年 2 月才批准新的核電廠增建計畫。

1986 年的蘇聯車諾比核電廠事故則是另一個給世人的警醒。

因為核電廠人員的一個實驗操作不當，引發氫爆與大火，大量輻射物質因此釋放到大氣層中，包括蘇俄西部、歐洲、北美東部都測得到輻射塵。

因為處於美蘇冷戰期間，消息遭到封鎖，許多居民曝露在高輻射而不自知。第一批到現場滅火的消防隊員 3 個月內就有 28 人死亡，超過 30 萬的居民被迫撤離，核電廠周圍 30 公里的土地被列為隔離區，至今無法使用。

為了隔離反應爐的輻射，蘇俄興建一個石棺包在外圍，不過這個石棺有倒塌風險，因此在事隔近 30 年的現在，還要花 7 億 6,800 萬美元興建一個大石棺包覆在外

面，至於何時才能清理現場，到現在還沒有時間表。

到了 2011 年，看似發展完善的核電技術，因為突如其來的海嘯與地震，再度出現難以處理的災害。

這就是日本福島核電廠事故。福島核電廠第一、二、三號核電機組爐心融毀，核電廠周圍 20 公里的居民被迫撤離，超過 2,000 平方公里，如新北市一樣大的面積土地受到輻射汙染，農作物與漁獲也因測出超過標準的輻射劑量而無法食用。

美國三哩島、蘇聯車諾比與日本福島核災事故只是大家熟知的 3 場核災。國際原子能總署有一個國際核能事件分級表（International Nuclear Event Scale），用來表示核能事件的危害程度。其中，第 4 至 7 級屬於事故等級。車諾比與福島核災屬於最嚴重的第 7 級特大事故，次嚴重的第 6 級重大事故則是 1957 年的克什特姆核廢料爆炸事故（Kyshtym disaster），這是在蘇聯馬雅克的一個軍事核廢料處理場，因為一個裝有 80 噸固態核廢料容器周圍的冷卻系統故障，造成蒸氣爆炸，高放射性物質大量洩漏。

　　被列為第 5 級具有場外風險的事故包括美國三哩島核災、1957 年英國溫思喬大火（Windscale fire）、1987 年巴西戈亞尼亞醫療輻射事故（Goiânia accident）、1952 年加拿大第一喬克河事故（First Chalk River accident），與 1969 年瑞士呂桑反應爐爐芯部分融毀事故（Lucens partial core meltdown）。

　　70 年來 8 場重大核災，7 件是民用核子設施或核電廠的意外，只有 1 件是軍事核子設施，再再說明人類想要使用核電技術，並不如擁核團體所說的成熟。

　　只是儘管在國際能源政策中，核電已經漸趨式微，尤其在福島核災後，許多國家重新檢討國內的核電政策，並著手研擬廢核或減核的時程及能源方向，但台電為了合理化核電發展在台灣的必要性，在提供給立法院關於世界各國核能發展情形的說帖中，刻意營造出「國際社會仍然大力擁抱核電」的印象。實際上，包括法國、日本、德國、保加利亞等國家，在福島核災之後都開始檢討核電政策。以下就整理幾個被台電扭曲呈現，但又極具代表性的國家實例，真實呈現他們在福島核災後如何檢討、並翻轉其核電政策。

法國

面對威脅，核電大國未來何去何從

若說法國正站在能源政策的十字路口，一點也不為過。

從第二次世界大戰以後，法國就全力推動核電發展。前總統戴高樂（Charles de Gaulle）為了在美蘇冷戰中殺出一條血路，全力發展核子武器；到了 1973 年石油危機時，法國向核電全速衝刺，藉此取代石油能源。40 ～ 50 年下來，法國已經成為全球第二大核電生產國，核能發電占總發電量超過 75％，運轉的核能機組有 58 座，核電生產量僅次於美國。

不過在 58 座核能機組中，有 22 座將在未來 10 年面臨 40 年的除役年限，想要繼續維持高核電比例，不是新建核電廠，就是要增加核電機組，不但花費時間過於冗長，費用也不是高債務的法國能夠負擔。因此，2012 年 2 月，前任總統沙柯吉（Nicolas Sarkozy）選擇將既有核電

廠延役，繼續承擔核電廠老舊的風險。

可是核電機組越老舊，風險就越大，究竟是要承擔高風險、延長老舊核電機組的運轉？還是要減少對核電的依賴，走向提高再生能源比率及增進能源效率的路徑？對老牌核電大國來說，想要做出選擇絕不是一件容易的事。

法總統：2025 年前降低 1/3 的核電比例

不過在新任總統歐蘭德（François Hollande）上任之後，能源政策正醞釀改變。

2012 年 10 月，歐蘭德召開核能政策委員會會議，會中確認將在 2025 年把核能發電占總發電量的比例從 75％下降至 20％，等於降低 1/3 的核電依賴。這個數量，比鄰國德國全面廢核所減少的核能發電量還要多。法國能源局在 2012 年 11 月出版的報告也指出，減核的政策提議已被納入未來能源情境規劃中 [36]。

同時在 2013 年上半年，法國舉辦全國性的能源轉型討論，透過與地方代表及各界社會團體，討論如何實踐能

---

36 John Mecklin, "A French nuclear exit?", *Bulletin of the Atomic Scientists*, January, 2013.

源過渡、減少核電比例、老舊核電機組是否延役、支持再生能源發展與投資等能源議題，預計 7 月將做出總結辯論，並在 10 月草擬法國能源轉型的法案。

關閉老舊核電廠

至於現有的核電機組，在 311 福島核災後也進行安全檢查，歐蘭德更預計在 2016 年關閉在德法邊界有兩座老舊核電機組的費瑟南（Fessenheim）核電廠，因為費瑟南核電廠位處地震帶上，且上游有水壩，可能有水災風險。

這 2 個機組從 1977 年開始運轉，法國核安管制單位在 2011 年才重新評估，在提高安全標準的前提下延役 10 年。

法國能源與環境部長巴托（Delphine Batho）在 2013 年 1 月接受媒體訪問時表示，法國政府希望在能源轉型計畫的框架上，關閉這 2 座法國最老舊的核電機組。雖然歐蘭德仍同意本利（Penly）及法拉蒙城（Flamanville）核電廠各增加一個核電機組，不過讓核電廠提前除役的決定，說明法國政府的能源政策可能有大改變。

法民調均顯示希望降低對核電的依賴

的確，就算法國政府不打算改變政策，在福島核災災後，民間的壓力開始排山倒海而來。

像是法國民調公司 IFOP 與《星期日報》（*Le Journal du Dimanche*）在 2011 年 6 月合作的民調顯示，有高達 62％的民眾希望在未來 25 至 30 年內逐步關閉法國的核能發電廠，比 3 個月前的調查多出 11 個百分點，另外有 15％要求立刻停止核能計畫與核電廠，也就是說，有 77％的法國人希望能減少對核電的依賴。[37]（見表 11）

表 11　福島核災之後，法國民眾對核電的看法

	2011 年 3 月	2011 年 6 月
立刻停止核能計畫與核電廠	19％	15％
未來二十五至三十年內逐步關閉法國的核能發電廠	51％	62％
繼續核能計畫與興建核電廠	30％	22％
無意見	0％	1％

資料來源：IFOP & Le Journal du Dimanche

---

37 Ifop pour Le Journal du Dimanche, " Les Français et le nucléaire" , 2012/06, http://www.ifop.com/media/poll/1519-1-study_file.pdf

　　法國民眾也有行動，2011 年 6 月，有 5,000 名群眾聚集在費瑟南核電廠附近，要求這個核電廠停止運轉；另外在 2013 年 3 月，福島核災 2 週年時，法國 26 個反核團體、2 萬名群眾在巴黎發起反核示威遊行，高喊「不要再有核電廠」的口號。

能源政策的制定能否從專業官僚中釋放出來？

　　歐蘭德的減核提議，是法國 50 年發展核武及核電以來，頭一遭由政府提出的能源方向。在專業官僚掌握能源政策的法國來說，可以說是一大轉變。而能源與環境部長巴托主導的全國能源轉型討論，更是少見將能源政策的決定權從專業官僚釋放出來的一大改變。

　　雖然能源政策討論仍是進行式，未來的能源政策結論也尚未成型，現在仍無法肯定歐蘭德政府是否能突破重圍，實踐減核的承諾。然而從法國的核能發展歷史來看，現在的能源轉型計畫確實是具有分水嶺意義的一步。

　　法國的減核之路肯定將會相當艱辛和漫長。可預見的

是，接下來的新能源方向，一定會挑起法國國內保守勢力的反撲，尤其是建構在菁英主義上的專業官僚——法國礦業團（Corps des Mines）。礦業團的成員在法國政府部門和大型企業中往往占據重要位置，對法國的科技發展扮演相當重要的角色，更是幾十年來主導了法國核能發展的關鍵推手。

這個菁英俱樂部沒有太多成員，但在法國能源政策制定的關鍵位置上卻是鋪天蓋地——他們的面孔，出現在歐蘭德團隊裡扮演工業與能源顧問；在環境能源部中負責再生能源、電網發展和能源效率；法國核安管制署署長、前任和現任法國核電集團阿海法執行長、法國國家放射性廢料管理局，以及法國環境與能源管理局負責人等，都是法國礦業團的成員。

除此之外，代表資方的法國企業代表聯盟（The Mouvement des entreprises de France）主席帕希索特（Laurence Parisot）也在訪談中毫不避諱的說：「核電是我們的經濟資產，若法國開始減核，意味著我們也對核電

感到疑慮，那怎麼向其他國家推銷、出口核電產業？」

很多人都在觀望法國這次的能源轉型討論將有什麼結果。法國政府是否有辦法履行承諾，讓全國能源討論成為一個以民主主導的實踐平台，重要關係人也都有管道參與政策制定過程，將能源政策的制定從專業官僚中解放開來。

然而不論結果如何，許多國際評論都分析，這可視為法國嘗試減少對核能依賴的重要一步。福島災後，各種民調都顯示法國民眾希望減少對核電的依賴。我們可以確認的是，法國大眾對於降低核電比例與再生能源發展的能源期待，不下於走向廢核的鄰居德國。總統歐蘭德也確實正在試圖扭轉法國多年來置再生能源發展於不顧、過度依賴核電的政策導向。

這或許可以給我們一些借鏡，對於能源政策的討論，常常只有單向的政策宣傳，缺少了公民參與，台灣能否從中學習如何邀請全民參與能源政策的制定，將是讓台灣民主政治再向前邁進一步的重要契機。

德國

福島核災後立即關閉 8 座核電廠

一直朝再生能源發展的德國，對廢核政策有更強烈的決心。

福島核災後，德國政府重新調整核能政策，決定加速讓既有核電廠除役，執政聯盟在 2011 年 5 月底立即關閉 8 座核電廠，並將在 2022 年以前關閉其他 9 座核電廠。

德國政府的決定固然讓反核運動大為振奮，但同時也帶來不少質疑聲浪，像是台電與很多擁核人士就會說：德國要透過向法國購買核電來填補電力缺口；不然就是為因應電力需求，德國將更依賴化石燃料，結果是排放出更多溫室氣體；又或是加速非核化步調後，德國電價將會大漲。

也有德國媒體報導指出，德國廢核後上漲的電價已經造成 1 成家庭用不起電。

但同時各種正面消息也不斷釋出，在大力發展再生能源的情形下，2012 年 5 月底路透社報導指出，德國正午時

的太陽能發電總量來到 2,200 萬度，足可供應一天上班日 1/3 或 1 天假日半數左右的用電。《今周刊》也在 2012 年 6 月初推出「綠色德國奇蹟」專題，報導討論德國加速非核進程後如何維持經濟發展，再生能源又是如何在政策、社會各層次受到支持而蓬勃成長。

作為主要工業國中第一個宣布並採取具體措施走向非核家園的國家，各方都在觀察德國究竟如何做？非核家園的目標究竟能不能達成？這過程又可能帶來什麼樣的社會經濟問題？

發展再生能源，2022 年達到非核家園

德國之所以敢朝非核家園的目標前進，是因為經過長時間的準備。

早在 1986 年的蘇聯車諾比核災之後，德國社會就開始反思核電的安全問題，非核與廢核的民意也逐漸成為德國社會的主流聲音。

因此，德國政府在 2000 年通過「再生能源法」，鼓勵

企業投資，並訂定目標，要求 2010 年再生能源的供電量占總發電量 12.5％。實際上，到 2011 年上半年，再生能源已能提供 20％左右的供電量。

雖然德國總理梅克爾曾經在 2010 年將核電廠的服役年限平均延長 12 年，使得非核家園的目標推遲到 2036 年達成。但這個政策轉向並無法維持太久，2011 年日本 311 福島核災後更讓在德國有悠久歷史的反核運動邁向另一波高潮，社會與政治壓力最終讓梅克爾總理回到原本的非核家園的期程，決定於 2022 年全面關閉德國核電廠。

因此在福島核災後，德國之所以有條件一口氣關閉 8 座核電廠，與過去 10 年間大力發展再生能源、提升能源效率及減少電力需求等政策的努力不無關係，而這些政策同時也是為了讓德國可以達成其嚴峻減碳目標：在 2020 年碳排放量比 1990 年減少 40％，2050 年減少 80％至 95％；也希望藉此發展再生能源技術，提升綠能與節能產業的全球競爭力，預期 2020 年把再生能源的發電比例拉高到 35％至 40％，2050 年上升至 80％。

　　歐陸各國電網彼此相連，加上電力交換計畫，為了減少電力在配送過程中的損失，各國間電力相互進出口實屬常態。2002 年正式開啟非核進程前，德國在 17 座核電廠全數運轉時，多數時間的電力進口都比出口多，反而是近 10 年開啟非核化進程並大力發展再生能源，加上提升能源效率、節電等為達成減碳及非核目標的政策配合，德國電力出口劇增，反而超過進口，成為電力淨出口國，即使是面臨考驗的 2011 年，雖然增加電力進口量，但結算後德國仍為電力淨出口國。

　　反觀核電占總電力約 8 成的法國，在 2012 年 2 月因酷寒天氣導致供電吃緊，因而須緊急買入約 7％的電力，其中即從德國買進將近 4 個核電廠發電量的電力。2009 年的酷熱夏季，也讓多數位於內陸的法國核電廠供電效率大幅降低，而必須從國外進口大量電力。

　　簡單來說，「以核電為主的法國能提供較穩定的供電」、「德國仰賴法國的核電才得以非核」、「德國開始非核化後電力供應不足」等論調都是種迷思，而是什麼樣的

原因讓這類迷思得以在社會中流傳，背後又是哪些產官學結構在支持，箇中內情令人玩味。

德國電價上漲的主因是傳統能源價格飆升

　　另一個很多人關注的焦點，則是廢核後的電價究竟會不會上漲，這樣的假設前提是核電是最便宜的能源，減少核電的供電比例必然增加整體發電成本，帶動電價上漲。

　　根據德國能源及水產業協會（BDEW）的統計，2012年的德國的民生電價的確比 2011 年高，但漲幅約只有2％，2011 年相較於 2010 年則有將近 6％的漲幅，但這主要是因為在電價附加費部分有著將近 10％的成長。電價附加費包括再生能源的附加費與消費稅，如果不計再生能源附加費的話，過去 3 年內的電價幾乎沒有任何變動。工業用電部分，2012 年的電價甚至比 2011 年還要微幅下降。

　　實際上自 2000 年以來，不管是工業用電還是民生用電，德國電價都是呈現持續成長的趨勢，根據聯邦經濟與科技部以及環境、保育及核安部的解釋，電價上漲的主因

是國際能源價格的攀升，至於用以投入再生能源發展的饋
網電價 [38] 及其他附加費，自 2000 年以後一直維持占最終民
生電價約 40％的比例，即使過去 2 年增加至 45％，但並
未讓民生電價大幅上漲。

　　換言之，傳統能源價格飆升是德國電價上漲的最主要
原因。關閉 8 座核電廠後民生電價的確有微幅上漲，但此
一漲價與廢核關係甚微，「廢核後電價必然大漲」的情形
並未在過去一年中的德國出現。

廢核不至於嚴重動搖經濟

　　伴隨著「廢核後電價必然大漲」的想像，就是恐懼
「廢核將嚴重影響經濟發展」。只是雖然 2011 年德國再生
能源發電量已經占了 20％，經濟成長率卻維持 3％。即便
是 2012 年，再生能源發電量增加至 21.9％，經濟成長率也
有 2％。在被歐債風暴襲擊的歐元區國家中顯得特別亮眼。

　　當然一部分原因是德國政府透過各種補貼措施，使工
業電價不至於較其他歐盟國家高出太多，讓德國工業維持

38　饋網電價是德國發展再生能源產業的一個配套措施，鼓勵民眾裝置再生能
　　源發電系統，產生的電力可以根據發電成本，用長期契約的方式賣回給電
　　網，電網再轉賣給消費者。

一定的競爭力。

再者是德國長期發展再生能源，讓再生能源工業成為全球市場中的領導者，並且在 2011 年底創造出約 38 萬個工作機會，這數字是 2004 年的 2 倍，比起 2010 年則持續成長 4%。換言之，德國目前的廢核進程非但沒有影響經濟發展，反而因為過去的準備，使得再生能源產業成為德國重要的經濟支柱。

於此同時，儘管德國工業電價略高於其他歐洲國家，但德國工業更重視提升生產效率。針對受影響最大的高耗能產業，德國政府也以減免電價附加費的方式減少衝擊。儘管調整能源結構必須投入大量資源且正反效應皆有，但德國政府並不是一頭熱地投入轉型，反而是在擁抱再生能源並廢核的同時，持續維持經濟競爭力，並成為國際間綠色成長的典範之一。

電力零成長已是全民共識

德國也清楚知道再生能源不夠穩定、發電效率不高的

問題，因此德國持續投入興建輸電網路，改善既有電網，並研發儲存再生能源的方法，例如透過水力發電廠和太陽能及天然氣混合發電的電廠來達成這個目標。

像是德國政府與主要電網經營者達成共識，決定在 2022 年前投入 200 億歐元興建總長度約 3,800 公里的電網。2011 年確定非核進程後，德國國會也通過包括 6 個法案及一項行政命令的「能源包裹」，作為德國能源結構轉型的法律依據，搭配自 1990 年代初為發展再生能源而陸續制定的十幾項法案，加上德國政府嚴肅面對其政策目標，才得以在開啟廢核的同時，一方面維持強勢經濟成長，一方面又繼續減少碳排放量。

「能源包裹」則規畫以 2008 年為基準，在 2020 年時減少 10％的電力使用，2050 年時減少 25％。

另外，為了發展再生能源產業以及自由化的能源市場，德國鼓勵一般民眾也可在自家住宅興建發電廠，將自家的超額發電賣回給電廠營利。徹底落實建築節能的結果，讓德國的人均用電約只有台灣人均用電的 7 成。而自

家住宅可以興建電廠的結果，讓售電不再是電力公司的專利。以 2011 年來說，德國再生能源發電中只有約 17.5％來自傳統電力市場上的大公司及銀行，其餘部分有 40％來自一般家庭，14％來自社區計畫，11％來自農民。

　　儘管電價較其他歐洲國家高，不過除了世界核能協會的報導外，多數調查皆顯示，至少 6 成以上的德國民眾願意以較高電價支持再生能源的發展。而且每度電價與總電費支出並不必然等比例成長，各種節能措施加上立法對節能建築的要求，讓數十年屋齡的老屋也願意投資改進節能設施，使電力消耗成長趨緩甚至呈現負成長，顯然，電力零成長已經成為德國民眾的共識。

少了核電，碳排放量也可以減少

　　雖然 2011 年德國的碳排放量減少 1％，但這不代表德國這一年的能源政策全無可議之處，其中最大的爭議來自於擴大開採褐煤以供發電之用。排放大量溫室氣體並嚴重污染環境的褐煤，占德國的發電比例從 2010 年的 23％上

升至 2011 年的 25％，2012 年更增加至 25.6％，此種情形在德國國內遭致不少批評。

德國政府清楚理解，這只是調整能源結構這個漫長旅程的起點而已。2011 年之所以能在嚴峻情勢下繼續減少 1％的排碳量，原因是這一年相對溫和的冬季，使得用電量沒有劇增。2012 年，因為冬季天氣寒冷，碳排放量比前一年成長 1.5％。

不過近 2 年的數字已經足以讓許多不看好德國廢核政策的人跌破眼鏡，而且這個成就基本上並不是在以鄰為壑的基礎上達成。

每年省下 74 億能源進口成本

德國非核家園之路並非一帆風順，受到重大損失的能源公司正提起鉅額賠償訴訟；也有德國媒體報導廢核後電價上漲，導致 1 成家庭付不出電費，突顯出非核過程帶來的社會分配不均問題。

發展再生能源過程中是否有不當補貼、如何減少能源

結構調整過程中對弱勢者的衝擊、轉型過程中該由誰負擔成本，這些都是德國社會在已有走向非核社會擁抱再生能源的共識下，持續反省修正的議題，絕不是「廢核→漲電價→衝擊產業及民生」這種單面向思考能理解。

德國與台灣相同，天然能源都需要進口，但是在德國積極投入再生能源發展下，每年已經讓讓德國省下 74 億歐元的能源進口成本。德國展示了一種廢核及減碳並行的可能，也讓我們看到自 1990 年代以來讓經濟發展與能源使用脫鉤的努力成果。

日本

災後至今實質已近非核國家

對 311 福島核災的主要受害國日本來說，是否該繼續發展核電誠然是一個難題。

在核災之前，日本核電發電占總發電量約 30％，但在核災之後，為了確保核電機組的安全，日本 54 個核電機

組全部停爐檢修，之後只有在 2012 年 7 月重啟了大飯核電廠 2 個核電機組，這也讓核能發電占比在 2012 年掉到剩下 1.7％，若其他核電廠持續無法重新啟動，日本幾乎成為非核國家。

在反核民意聲浪持續高漲下，日本野田內閣在 2012 年9 月 14 日召開能源環境會議，提出「革新性能源環境戰略」，內容包含嚴格遵守核電廠 40 年的運轉上限、僅允許通過原子能管制委員會（Nuclear Regulation Authority）檢查的核電機組恢復運轉、不新建或增設核電機組等 3 個原則，並提出 2030 年再生能源目標發電量將達到 2010 年的 3倍的目標。[39] 同年 9 月 19 日，內閣會議確定「革新性能源環境戰略」，調整未來的能源政策，決議要在 2030 年後的10 年內擺脫對核電的依賴。這是零核電方針首次被提出。

安倍晉三承諾要降低對核電的依賴程度

不過在日本首相安倍晉三上任後，推出一連串振興經濟策略，透過日圓大幅貶值與增加公共支出的方式刺激景

---

39 日經 BP 社，〈日本確定「革新能源環境戰略」，提出 2030 年零核電方針〉，2012/09/20，http://big5.nikkeibp.com.cn/eco/news/catpolicysj/3473-20120920.html

氣復甦。大幅貶值的結果，讓日本產品在海外相對比過去更加便宜，使得出口量大增。同樣的思維下，為了降低電力成本，工商業界出現重啟核電廠的聲音，安倍也三不五時拋出重啟核電廠的話題。

像是在 2012 年 12 月 30 日，安倍接受 TBS 電視台採訪時表示，「如果獲得民眾『理解』，或許會興建完全不同於四十年前老舊福島第一核電廠的新型核電設施。」

這番發言立刻在日本國內引起強烈批判，在 2013 年 1 月 4 日記者會中，安倍重新修正對核電議題的看法，表示自己並未積極打算新建核電廠，安倍說：「關於新建核電廠，並非能馬上判斷的問題，要好好鎖定核災的調查、檢證及安全技術的進展狀況，並花費相當程度的時間來檢討才行。」

他並表示「應該降低對核電的依賴度」，亦即要朝減核方向走，徹底修正之前的發言。

不過在台電提供的日本核電政策改變歷程的文件中，這段過程只變成：「日本首相安倍於 2012 年 12 月 30 日更

進一步表達有意願興建核電廠。」完全沒有交代安倍的發言轉變。

核電廠安全規範出爐，發電成本更高

其實，重啟核電與否一直是日本國內爭論的話題，在經濟發展的壓力下，安倍仍舊希望重啟核電廠。《朝日新聞》就報導，安倍政府希望在 2013 年 6 月提出的〈經濟成長戰略〉草案中加入「用好核電站」的條文，意味著日本經濟和社會還有很長一段的時間將依賴核電。

不過在福島核災的效應下，想要重新擁抱核電，勢必要說服民眾核電擁有足夠安全性。對此，日本監管核電廠的原子力安全保安院在 2012 年 9 月改組成原子力規制委員會，2013 年 5 月並公布新的核電廠安全標準規範，包括避免海嘯襲擊、加強防震機構等多重安全設備升級，另外禁止處於活動斷層帶上的核電廠重新啟用。

日本經濟產業大臣茂木在接受訪問時指出，最快在 2013 年秋天就會有核電廠重新啟動。但是想要重新啟動核

電廠並不容易，因為在安全規範比先前嚴格的情況下，核電業者需要投入更多金錢與時間才能達到新標準，業界都叫苦連天。

至於原來就已經啟動的大飯發電廠兩個核電機組，在2013 年 9 月底前也將再次進行定期檢查，如果秋天沒有其他核電廠重新啟用，屆時日本極有可能再次重現全國零核電運轉的狀況。

就算真有核電廠能符合運轉條件，日本民眾的反核意識積極。《朝日新聞》在 2013 年 2 月公布的民調顯示，13％的民眾希望「立刻取消核電廠」；24％希望「2030年取消核電廠」；22％希望「2030 年～ 2040 年取消核電廠」；12％希望「2040 年以後取消核電廠」，只有 18％希望「不取消核電廠」。也就是說，有 71％民眾希望最終能夠取消核電廠，如果安倍一意孤行決定重啟核電廠，2012年大飯核電廠重啟時的萬人抗議場面可能再次出現日本街頭。

其實從 2011 年 3 月底開始，日本首都圈反核電聯盟

每週五都在日本首相官邸前抗議,並獲得村上春樹、大江健三郎、坂本龍一等日本作家、音樂家號召響應。對日本多數民眾來說,福島核災的後遺症太大,如果日本政府還想持續擁抱核電,抗議就會繼續下去。

南韓

2013 年 6 月,馬英九總統與媒體進行為期 2 天的「能源之旅」,與其說是能源之旅,還不如說是「擁核之旅」。就在參觀核三廠的時候,馬英九總統指出南韓的核電占發電比重將從 30％提升至 50％,藉此證明台灣若不發展核電,就無法與南韓競爭。

的確,談到南韓,台灣人就想要處處比較。2009 年,南韓拿下阿拉伯聯合大公國的核電廠標案,將興建 4 座核能機組。南韓政府與媒體到處宣揚,認為南韓已經成為新一代核電大國。台灣一位知名理工學者還因此撰文〈南韓都能輸出核電廠了,台灣呢?〉,對台灣的核工人才發展限

制和科技研發環境抱以悲觀態度，認為台灣再不加把勁趕上，就會被晉身為核電技術輸出國的南韓遠遠拋在後面。

　　但是這個交易過沒多久就被踢爆有吹牛之嫌。南韓政府公布的交易金額是 400 億美元，但阿國的官方數字只有 200 億美元，根本不吻合，原來南韓是用低價促銷的方式，將核電廠出口海外。

核電廠屢傳醜聞及事故不斷

　　其實，近期不斷爆發的核電廠事故和人為醜聞，早就讓南韓民眾對於核電業的信心一落千丈。

　　在 2012 年 11 月初，位於南韓全羅南道的「靈光」（Yeonggwang）核能發電廠五號及六號機，被發現疑似使用「未經核准或檢驗」的零件，造成核電機組產生裂縫，被要求緊急關閉，這對於依賴核電供給能源需求甚深又適逢嚴冬的南韓而言，造成了缺電威脅。南韓的核能安全委員會（Nuclear Safety & Security Commision）還因此特別成立調查小組，深入調查 23 座核電機組。而國營的韓國

電力公司（Korea Electric Power Corporation）的總裁兼執行長金重謙（Kim Joong-Kyum）為了替核電廠負面消息負責，已經向韓國經濟部請辭下台。

經過進一步調查發現，從 2003 年至 2012 年間，南韓核電廠所用的超過 7,000 組零件，被證實其檢查報告多屬造假，雖然電力公司偽稱已通過國際認證單位 UCI 的認可。

果不其然，2013 年 5 月 28 日，核能安全委員會又宣布，因為古里（Gori）與月城（Wolseong）核電廠共有 6 個核電機組因為使用偽造安全測試的電纜，必須暫停運轉。總計在南韓 23 個核電機組中，已經有 10 座因為不同理由停止運轉。

國際能源總署也提出警告，認為南韓應該要改善核電監管與資訊公開，並且加強與核電設施所在社區的溝通工作，否則其核電發展將面臨公信力下滑的危機。然而，在南韓政府身兼監管與產業促進者的雙重角色下，要建立權責分明的監督機制，仍然相當困難。

亞洲核電共同體的縮影：電廠老舊、人口稠密

不過近期的核安事件只是冰山一角，更大的隱患藏在核電發展的整體脈絡中。日本朝日新聞集團旗下的周刊《*AERA*》在 2012 年 10 月的專題報導中，以日本「零核電會」[40] 評估日本核電廠的 3 項標準，來檢視亞洲幾座重要的核電廠。這 3 項標準是 ：1. 核電機組的壽命、機型和事故發生機率的關係 ；2. 地層的穩定性對核電安全的影響 ；3. 社會環境條件對於核安的影響。

報導指出，南韓核電廠最大的問題就是老舊，以及層出不窮的人禍。其中，位於釜山市的古里核電廠一號機，自 1978 年開始運轉，原本應該在 2018 年就要除役，但南韓政府決定延長 10 年使用期。不過在 2012 年 2 月，古里核電廠發生全廠電力中斷事件，導致核電機組冷卻水系統失靈，但廠方在事故 1 個月後才上報主管單位，後續在核電廠內部也發生採購賄賂的不法情事。

同年 8 月，古里核電廠重新啟用，但 9 月又發生了廠內員工違法服用興奮劑而遭到逮捕 ；另外，被視為南韓新

---

40 零核電會（原発ゼロの会）是由日本參、眾兩院七黨派共 9 名議員，在 2012 年 3 月組成的廢核立法結盟。

能源之光、啟用不到 2 年的新古里核電廠一號機，在 10 月初也因為機械故障而緊急停機。經統計，2012 年以來南韓已經發生 7 起核電廠故障停機，這對於想要建立正面市場信譽的技術輸出國來說實在不是一件好事。

日本媒體特別指出，南韓東南部的核電廠由於距離日本相當近，一旦有核電事故發生，放射性物質可能會隨著西風被吹送到日本。也因此，在相當靠近南韓的九州地區，民眾對於南韓核電廠狀況的關注，遠遠大於對日本本土核電廠的關注。

此外，雖然南韓發生地震的頻率相當低，但是境內還是發現活斷層「梁山斷層」，附近有蔚珍、古里、月城等三座核電廠，分別距離人口稠密處均僅有 30 公里。

電廠老舊、地質脆弱、人口稠密，地理位置的接近，水文風向的相互影響，似乎是同處亞洲核電圈的日本、南韓、台灣，不得不共同面對的難題。

成為核電輸出大國的路迢迢

　　自從 1978 年首座核電廠落成啟用以來，南韓在核電上的發展可謂一日千里。根據世界核能協會的資料，南韓目前擁有 23 座運轉中的核電機組，在全亞洲排名第三（前兩名為日本和俄羅斯），提供國內 1/3 的電力需求，占比為亞洲第一；2011 年，南韓將國內核電發展的目標，訂在 2030 年將增加到 40 座核電機組，屆時提供國內 59％的電力。此外，同一時間還要輸出 80 個核能機組，預計獲利高達 3,000 億美元（約 9 兆台幣）。

　　在核電發展史上，南韓一直是信心滿滿。1986 年蘇聯車諾比核災發生後，各國紛紛暫停核電計畫，但是南韓並未卻步，反而藉機向美國等核電廠賣家談判技術移轉，大舉發展核電，奠下日後成為核電輸出國的基礎。

　　時過境遷，來到 2011 年，日本 311 福島核災的悲劇，使世界各國再度陸續暫緩核電廠興建計畫，甚至積極研擬廢核時程。但即便面對這樣的趨勢，南韓輸出核電的各項投資計畫木已成舟，就算顯得左支右絀，也得硬著頭皮繼

續幹。

　　至於 2013 年才剛上任的總統朴槿惠，未來應該是要
持續發展核電工業。她的選舉政見中，承諾在 2017 年以
前將基礎科學研究與創新發展的經費增加到國內生產毛額
的 5%，國際科學期刊《自然》特別評論朴槿惠入主青瓦
台，意味著南韓未來在生物科技、天文科學、醫藥和國防
武力研發上將加速前進，並形容朴槿惠是核電的「熱切支
持者」。

　　事實上，朴槿惠的父親，也是在獨裁時期執政長達
18 年的朴正熙，在位期間即藉由大舉投資科技研究和產
學合作來完成南韓的現代化與工業化，包括創立南韓最
重要的科研機構──韓國科學與技術高等研究院（Korea
Advanced Institute of Science and Technology），以及大量完
成國家的能源基礎建設，包括水力發電、太陽能、地熱、
核電等。

　　朴槿惠對外要面對北韓的挑釁和全球科技競逐，對內
則要因應日益上升的能源需求，以維繫統治正當性，在延

續其父的發展主義思維下，在南韓能源結構中占有舉足輕重地位的核電，勢必會受到越來越多的重視。但是隱藏在其榮景下的負面消息頻傳，這樣的發展路徑能否順利走下去，仍舊要打一個大大的問號。

英國

8 座核電廠在 2023 年前除役

英國目前有 9 座核電廠共 16 個核電機組。核電的供電比例在 1990 年代末期達到高峰，約占 26％，目前約占 16％左右。9 座核電廠中有 8 座是由法國的電力公司 EDF 集團營運。

目前營運中的核電廠裡頭，最後一座在 1988 年開始興建，1995 年投入商業運轉。換言之，英國已經將近 20 年沒有任何新建完成的核電廠。而目前運轉中的核電廠，有 8 座服役年限將至，最遲將於 2023 年除役。

　　面對核電廠除役可能產生的電力短缺，在工黨執政末期，英國政府開始規劃重新發展核電。2010 年時，前工黨政府決定 10 個新建核電廠的廠址，而在同年年中開始執政的保守黨及自民黨聯合政府，也在 2011 年中提出多項能源方案，正式將核能列為與再生能源一樣的低碳能源。

　　這個舉動頗具爭議，一方面，英國政府考慮到投資核電廠的成本過高，因此在之前就公開宣示政府資金不會投入新建核電廠；另一方面，透過將核電納入低碳能源，政府得以透過保證收購電價的方式變相補貼核電產業。

　　然而與此同時，英國媒體也揭露在福島核災 2 天後，在輻射汙染局勢尚未明確時，英國政府即與國內外核電業者密切共商公關戰略，討論如何不讓福島核災影響英國公眾對核電的支持，進而打亂英國政府重新發展核電的規劃。

　　這個事件也顯示英國政府將核電納入低碳能源背後可能存在的利益糾葛，核電一旦被納入低碳能源，將可與其他再生能源業者一樣，在電價上增加綠色能源稅，藉以補貼業者用以發展再生能源及核能的支出。

　　雖然英國政府打算補貼核電業者，但新建核電廠的過程仍然充滿不確定性。幾個表態興建的公司，包括 EDF、森特理克集團（Centrica）皆因各種因素延遲或退出計畫。EDF 是英國最大的核電業者，既有的 9 座核電廠中有 8 座由 EDF 建造營運，但因為投資成本過高，EDF 目前新建核電廠的計畫遲滯不前。2013 年 3 月，英國政府終於核准在辛克萊點（Hinkley Point）建造核電廠，這是 1995 年來英國再次建造核電廠。不過因為福島核災的影響，動工時間從 2018 年延遲到 2020 年。

核電業者反成補貼對象

　　英國政府以補貼核電業者的方式，而不是以政府資金投資的方式發展核電，頗令人好奇。如果真如核工產業及相關利益者所說，核電相較於再生能源是便宜經濟的能源、核電的存在更能穩定整體電價，那各大核電業者面對英國政府充滿雄心的核電發展計畫，應該會趨之若鶩爭相逐食此一市場大餅才是，怎麼反而會遊說政府將核電納入

補貼對象呢？

　　事實上獲准在辛克萊點興建核電廠的 EDF 公司，一開始也不認為自己需要政府補貼，但其興建費用，從原先估計 1 座核電廠需 45 億英鎊（約 2,160 億台幣），上升至約 70 億英鎊（約 3,360 億台幣）。為了反應建廠成本及獲取合理利潤，EDF 估計其建造的核電廠在投入運轉後，電價將是目前英國電價的 3 倍。若無政府補貼，此項投資將無利可圖。

　　也正因龐大的財務壓力，導致幾家跨國核電集團，在過去 2 年內陸續宣布退出英國核電計畫。然而儘管英國政府已經將核電納入低碳能源，為其取得財政補貼的正當性，但對核電公司來說仍顯不足。EDF 在 2013 年 2 月時表示，他們希望能將原本與英國政府商談的保證電價契約，從 20 年延長至 40 年，藉以反應其龐大的建廠成本。

　　英國能源管制單位天然氣與電力市場辦公室（Office of Gas and Electricity Markets）已經提出警告，把核電納入低碳能源與過度依賴進口化石燃料，將可能使英國消費者

面臨飆漲的電價。因為，納入低碳能源後，核電可以在電價中另外課徵能源稅。

　　不過已經有研究指出，如果 2025 年核電裝置容量要達到 1600 萬瓩（16GW）的目標，每年課徵的額外稅額將從原先估計的 38 億 7,000 萬英鎊（約 1,860 億台幣），大幅增加成 55 億英鎊（約 2,640 億台幣）至 126 億英鎊（約 6,000 億台幣），等於電價的額外稅多增加了 30％至 238％，將為英國政府及消費者帶來無比沉重的負擔。

政府說詞充滿誤導與錯誤

　　其實，英國的能源政策反反覆覆。過去 10 年，英國公布過 5 份能源政策白皮書，有 3 個機構的 7 個部長負責能源政策，混亂體制讓英國能源政策漏洞百出。英國環保團體就批評，英國政府是在確定發展核電的前提下做出相關能源政策的諮詢和規畫。環保團體也曾對英國政府提出訴訟，最高法院也在判決中指出英國能源政策白皮書的諮詢過程中充滿誤導及錯誤資訊，然而英國政府仍然以減碳

及能源安全為由，堅持新建核電廠。

　　至於新建核電廠的目的，英國政府的說詞與台電的說法相似，像是新建核電廠是為了填補 2015 年時將出現的能源缺口，然而遲至 2013 年才發出的建廠執照，很明顯地將不可能及時填補這個缺口，而所有新建核電廠的計畫即使都很順利，更是最快得到 2025 年至 2030 年間才可能完成。

　　英國綠色和平組織指出，這個現象顯示，政府可能高估能源缺口，而且英國核電只占總發電量的 3.6％，發展核電無助於解決上述的能源缺口。

　　至於減碳成效上，綠色和平組織也指出，即使新建核電廠取代將除役的核電廠，仍然只能減少約 4％左右的碳排放量，而且核電廠建廠時程過長，建廠經費往往是最初編列預算的數倍之多，更顯得此種減碳選項不具經濟效益。

　　過去 2 年來，多份研究報告都提到，英國政府刻意以包括高估電力需求等錯誤資訊，誤導核電在減碳過程中的

重要性。如果根據英國政府設定的情境分析，想要在2050年減少80%碳排放量的目標，完全不可能以依賴核電的方式來達成。

無法逃避的天價除役與核廢料問題

其實，英國首相卡麥隆（David Camero）曾經承諾，在還沒有找到高階核廢料最終處置場前，不會新建核電廠。而且高階核廢料的選址工作，必須由地方自願性地提出申請。目前，唯一表示有意願接納核廢料的昆布里亞郡（Cumbria），經過數年的公共諮詢後，已經因為地質隱憂及自然生態因素考量，決定放棄。在昆布里亞郡退出後，已經沒有其他地方有意願接收，這無疑也為英國新建核電廠的計畫帶來沈重打擊。

顯然地，卡麥隆毀棄過去的政治承諾。但無論如何，既有核電廠總還是得面臨除役的一天，目前除役中的塞拉菲德（Sellafield）核電廠區，除役經費從2009年估計的466億英鎊（約2兆2,368億台幣），在3年內爆增到675

億英鎊（約 3 兆 2,400 億台幣），估計最終費用仍可能繼續上漲。由於塞拉菲德廠區內除了服役期滿的核電廠外，還有再處理廠及核廢料儲存設施等，使得其除役難度遠遠高於一般核電廠，然而這一案例也說明了核電廠除役及核廢料處理在實務及財政上的重大挑戰，這些同樣是英國未來幾年都將立即面臨到的困境。

「核電是二次世界大戰後，英國最昂貴的失敗政策」

簡言之，雖然英國政府在近年內展現重新發展核能的雄心壯志，但其選擇將核電納入低碳能源藉以變相補貼的作法已經招致非議，而且此一補貼措施仍然無法解決新建核電廠過程中的鉅額成本問題，聯合政府中的氣候變遷與能源大臣胡尼（Chris Huhne）即曾表示，「核電是二次世界大戰後，英國最昂貴的失敗政策」。加上核廢料選址過程幾乎陷入停擺，新建核電廠的前程充滿高度不確定性，與英國政府的宣示形成強烈落差。所謂英國的核能復興，其實仍如空中樓閣一般，沒有任何具體進度。

英國核電廠結構與台灣不同，而其地理環境不同於台灣，幾乎沒有地震的天然條件，但是就算英國人不用擔心核電廠碰上複合型天災，在計算興建核電廠與核廢料處理的費用之後，核電發展的進度依舊遲緩，這絕不是簡單一句「英國仍然持續發展核電」得以解釋的。台灣官方如果持續宣傳經簡化過後、缺乏歷史觀照的資訊，那我們永遠不會有機會從其他國家的發展案例中，獲得任何一切值得學習的經驗。

保加利亞

在台電提供給立法委員的核電說帖中，將歐洲巴爾幹半島上的保加利亞放在「福島事件後，政策不變，持續發展核能」的國家類別中。不過在政局紛擾下，保加利亞是否真屬於持續發展核能的國家，仍有待觀察。

問題就出在北部貝萊內（Belene）核電廠，自 1981 年興建以來，因技術和資金問題多次停工，已經耗費超過 10

億歐元的興建預算。由於建廠經費不斷飆漲，完工日遙遙無期，已經造成保加利亞政府龐大的財政壓力。

因此保國政府在 2012 年 3 月，已宣布終止此核電計畫，正式放棄貝萊內核電廠的興建。保國前任總理波瑞索夫（Boiko Borisov）背負振興國家經濟的壓力，認為再繼續投錢下去，將會拖垮國家財政，而無法在將來吸引外國投資者。

不過在野黨認為核電廠必須續建，在 2013 年 1 月發動公投，雖然贊成續建的比例有 60.66％，但因為投票率只有 21.8％，此案改送交國會定奪。

另一方面，因為民眾抗議電價高漲，波瑞索夫提前請辭，國會大選也提前在 2013 年 5 月舉行。雖然執政黨仍然贏得多數席次，不過由於席次並未過半，最後是由在野黨結合其他政黨組成聯合政府，核電廠是否會續建，勢必將在國會引發爭論，興建核電廠的俄國公司已經要求保加利亞賠償 10 億歐元，最後無論是否會興建，注定都是一個錢坑。

台灣是少數在福島核災後仍執迷不悔的國家

除了上述幾個國家，包括義大利、比利時、立陶宛、荷蘭、瑞士等國，在福島核災後的核電政策中，都有所改變。（見表 12）各國紛紛意識到核能的高風險性，因此重新檢討能源政策，並修正核電廠的興建規劃與標準。就算是核電大國法國，亦宣示將針對核電廠進行壓力測試，檢測其安全性，若有不符者，即立刻關廠。就連中國這個極欲推展核電的國家，亦正式公布調整核安全規劃，未完成安全規劃前，暫停審核新的核電項目。

反觀台灣，政府雖提出「核安家園」口號，但僅是將本來核二、核三因運轉執照換發時所需進行的審查，美化成提前進行每 10 年一次的體檢，悍然拒絕馬上停機的要求。亦未如同歐盟國家從此次福島核災學到的經驗，嚴謹假設在洪災、恐怖份子、地震複合型災難的發生威脅下，對核電廠進行安全壓力測試。馬英九總統像是對核災完全不在意一樣，在能源之旅中說出「邁向非核家園的過程，

核能是必要選項」這種自相矛盾的話語，更難以理解會有
強力擁護核四興建的學者在解釋媒體提問時，說出「發生
核災就像中樂透一樣」的比喻，完全無法體會「絕對不能
發生核災」這個民眾心中強烈的訴求。

表 12　福島核災災後核電政策走向

國家	政策改變
義大利	2011 年 6 月全國公投，94％反對新增核電計畫。
比利時	2011 年 10 月：確認於 2015 年至 2025 年間，達成非核家園。
立陶宛	2012/10/14 全國公投：三分之二的民眾反對新增核電廠。
荷蘭	1. 中止核電新增計畫 2. 德國 RWE 公司退出核電市場
瑞士	1. 福島核災後提出新能源政策情境以及配套措施。 2. 2011/9/28 投票禁止所有新核電機組的建設。
美國	1. 南德州核電計畫的主要出資者 NRG，退出該計畫。 2. 2012 年 2 月與 4 月，發出自 1978 年以來第一批新建機組的執照，但美國核管會 NRC 主席反對發給 Vogtle 執照，並於法院提出訴訟。 3. 2012 年 3 月的民調顯示：77％的受訪者希望將聯邦擔保貸款由核電移轉至風力與太陽能。 4. 根據官方統計，1972 年之後，只有 Watts Bar 2 此計畫處於興建中的狀態。

資料來源：2012 世界核能產業現況報告（World Nuclear Industry Status Report 2012）

　　而台電在 2010 年 6 月在向經濟部產業發展諮詢委員會提出的報告中，描繪的 2025 年時的台灣能源願景，則是用電量要較 2010 年大幅提升 50％，達到 3,000 億度，因此除了要讓現有 6 座機組延役，核四的 2 座機組商轉之外，還規劃將要多蓋 3 個核電機組。在福島核災發生後，雖然放棄推動核電延役以及新增計畫，但是仍執意核四廠要儘快運轉，著實大膽。

核電不具經濟競爭力

　　核四無止盡的預算追加和遙遙無期的建廠時程，其實可以放進全球核能產業的結構性困頓來檢視。過去 20 年，全球核電產業陷入長期低迷，核電廠建造時程一再延長，在 89 座建造的核電廠中，平均建造時間將近 9 年，最長的甚至超過 36 年 ；同時，核電廠建造成本也節節高升，與傳統或再生能源相比，核電廠已經成為高風險的投資標的 [41]。

　　美國核電龍頭奇異公司（General Electric）首席執

41　Mycle Schneider, Antony Froggatt, "World Nuclear Industry Status Report 2012", http://www.worldnuclearreport.org/

行長在 2012 年 7 月接受英國《金融時報》(*Financial
Times*)採訪時便透露,核電沒有前途。他說:「當我在與
石油公司高階主管談話的時候,他們說,他們正探勘到越
來越多的天然氣。因此很難證明核電的合理性,……經濟
因素將決定一切。」[42]

同樣的,歐洲大型核電營運公司 E.ON 執行長也表
示,福島核災後,新核電廠的成本必定提高。

然而,即使國際核電營運公司紛紛承認核電的昂貴及
不符經濟效益,台電在國內仍堅稱核電是最便宜的發電方
式。

對全球金融機構來說,核電產業從投資觀點來看早已
是一個夕陽產業。全世界最大金融集團之一的花旗集團,
早在 2009 年即表示:「就核電產業在建造成本和完成時間
的不確定來看,我們相信核電計畫在能源市場應該有較高
的股票風險溢酬(Equity risk premium)。」[43]

這種金融風險亦不僅只局限於核電計畫本身,更會影
響到核電公司本身的營運。花旗集團進一步說明:「建造

42 Jamil Anderlini, "Nuclear is now 'hard to justify', GE says",*Financial
   Times*, 2012/07/30, http://www.ftchinese.com/story/001045746
43 Citigroup Global Markets, "New Nuclear – The Economics Say No," 2009/11/09,
   https://www.citigroupgeo.com/pdf/SEU27102.pdf

成本、電價，及營運成本，是核電營運公司會面臨到的三種風險，其巨大且不確定的經濟成本，甚至會嚴重打擊核電公司本身的營運」。

像是全世界最大核電機組製造商阿海法集團，因為福島核災的影響，在 2011 年被國際信用評等公司標準普爾（Standared and Poor's）將長期債務評等調降至 BBB-，接近垃圾債券等級。

311 福島核災發生後，許多全球知名的金融機構，也都明確表達他們不看好核電產業的發展。瑞銀環球資產管理（UBS）即指出：「福島核災前，東京電力公司被視為是低風險的投資對象，但在核災過後，東電資產已經損失 80％，未來公司是否能存續也值得擔憂。」[44]

匯豐集團（HSBC）也曾在 2011 年 3 月表示，「我們可以預見由民眾和政治發出的反核後座力，這意味著市場將會轉移到再生能源發展。」[45]

匯豐集團更列舉出了核電安全將會成為核電產業最難處理的議題，其他同樣棘手的問題包括：核電冗長的建造

---

44 UBS Investment Research, "Q-Series: Global Nuclear Power, Can Nuclear Power Survive Fukushima?", 2012/04/04
http://zh.scribd.com/doc/54263128/Can-Nuclear-Power-Survive-Fukushima-UBS-Q-Series
45 HSBC, "Climate Investment Update on Japan crisis," 2011/03/18
http://www.research.hsbc.com/midas/Res/RDV?ao=20&key=4wVf4k0yKe&n=293732.PDF

時程、成本超支、核廢料處理及核武擴散問題。

從以上例子我們可以看到，不管是核電或金融產業，皆已清楚意識到發展核電的風險，全球幾家主要核電公司，在過去幾年內更是持續虧損。單從市場角度來看，如今在沒有政府出資支持的情形下，已不可能新建核電廠。

在歐洲具有領導地位的全球金融集團，法國巴黎銀行（BNP-Paribas）代表，在 2012 年一場歐洲核電論壇中發表簡報時，便以核電的高經濟風險作結 ：「核電產業通常嚴重超支，完工時間一拖再拖，核電計畫與其他能源方式相比也都面臨較大的政治風險，民眾對於核電的不信任越見高升，核電產業的經濟效益如此不明朗，因此新的核電計畫勢必得依賴政府的支持才得以進行下去。」[46]

況且，核電廠動不動就是千億以上的投資，如果只是一味的朝核電工業發展，就意味著將排擠針對提升能源效率以及發展再生能源等投資。投資核電是否真如政府所說的划算，是否值得洪水頻仍、地震頻繁的台灣持續發展，答案非常清楚。

---

46 M. Muldowney, "How will financing be secured in the future?", BNP-Paris, 發表自 European Nuclear Forum, Brussels, 2012/03/19.

第四章

非核家園的光明之路

節能，不是降低生活品質

　　鹽寮反核自救會前會長吳文通，反核資歷已有 20 年之久，對於「蓋核四才不會缺電」的說法不以為然。

　　他在貢寮澳底村開設電器行，他以個人的電器專業經驗分析，只要做好節能，台灣 20 年不用增加任何電廠。

　　什麼是節能？過去很多擁核人士質疑，只有可以忍受夏天不開冷氣的人才可以反核，這是因為擁核人士所能想像的節能方式就是降低生活品質，吳文通認為這是錯誤的觀念。他認為，節能其實是指在保持原來的生活品質下節省能源。節省能源，自然就可以省錢。所以節能的概念應該是省錢的概念。

　　吳文通拿冷氣做例子，一台裝在 4 坪大房間的傳統冷氣，運轉電流大概 4 安培左右，如果一天用 6 小時，一個月的電費大概 500 元，而如果改用一級能效標章的冷氣，運轉電流大概 2.3 安培，一個月的電費不到 300 元。

　　所以，從傳統冷氣機改成高效率的冷氣機，就可以省

1/3 以上的電費。

　　就算不買新冷氣，定期做冷氣保養也可以節能。他說，冷氣保養不是簡單的清洗濾網而已，冷氣使用 1 ～ 2 年以後，髒東西與灰塵附著在散熱片上，散熱片就會產生散熱不良的情況。為了讓冷氣達到原來的效能，電流就會上升，自然就耗電。

　　同樣以一個運轉電流 4 安培的傳統冷氣為例，用了 5 年後，運轉電流可能會因為散熱片的散熱不良，提高到 5 安培，如果把散熱片洗刷乾淨，雖然沒辦法讓電流恢復成 4 安培，但至少也能回復到 4.1 或 4.2 安培，這樣就有 1/5 的節能空間。

　　追求更好的生活品質一直都是人類的天性，但是不表示一定要以增加用電量來達成。在提高生活品質的同時，還是可以達到節能的效果。

　　像是將傳統燈泡換成節能燈泡或 LED 燈泡、隨手將不用的插頭拉掉、政府單位把路燈換成 LED 燈等等。如果全民都採取節能行動，用電需求自然不會增加，甚至有

可能減少，這就是用電零成長的意義。

核四替代方案

距離 2025 年非核家園的時間表還有 10 多年，面對核災風險、化石燃料枯竭以及氣候變遷的三重危機，台灣還是有很多條路可以選擇。

只是看看政府的能源規劃，都是在假設台灣人未來的用電需求高度成長，所以為了滿足想像的用電需求，就將台灣人置身於高核災風險、高二氧化碳排放與高發電成本的處境下，這樣真的對嗎？

這樣說並不過分，因為根據經濟部能源局在 2012 年公布的〈100 年長期負載預測與電源開發規劃〉，預估 2025 年時的全國用電量，要比目前增加 48％以上，約 1,000 億度，這樣的發電量需要 5.2 座的核四廠，或 2 座以上的台中燃煤火力發電廠才能產生。（見圖 6）

為了滿足這個需求，能源局在電力結構規劃上，雖然

採取「穩健減核」政策，讓既有核能電廠屆齡除役，卻仍然堅持核四一定要興建。因此，到了 2025 年，繼續運轉的核三廠二號機以及核四廠將提供台灣 7% 的電力；而風力發電與太陽能等再生能源發電量會提供 7.7% 的發電；至於其他則要靠燃煤以及燃氣火力發電機組填補，分別可以提供 49% 以及 34% 的用電。

只是在這樣的發電結構下，台灣不但還要承受核安風險，電力部門的二氧化碳排放量還會比 2010 年增加 3.4%，因為光是燃煤電廠的發電量就是 2010 年的 1.7 倍。眾所周知，燃煤電廠製造的碳排放量比其他發電廠要高，而台中火力發電廠已經是全世界最大的火力發電廠，也是世界上排碳量最高的電廠。

而燃煤電廠還會排出空氣汙染物，更是大大增加台灣民眾的健康風險。

可是隨著化石燃料價格的持續上漲，這樣的規劃將大幅增加發電成本，光是燃料成本就會比 2010 年增加 4,800 億元以上 [47]，依據綠色公民行動聯盟預估，這將使得總發電

---

47 台灣電力股份有限公司，《燃料成本變動對台電公司之影響評估及因應對策研擬》，研究計畫 TPC-546-4838-9901，2011。

成本成長為 2010 年的 2.66 倍。如果完全反應發電成本的
增加幅度，電價會增加 80％，加上增加的用電量因素，總
電費將變成原本的 2.3 倍。

圖 6　官方對未來的用電預估

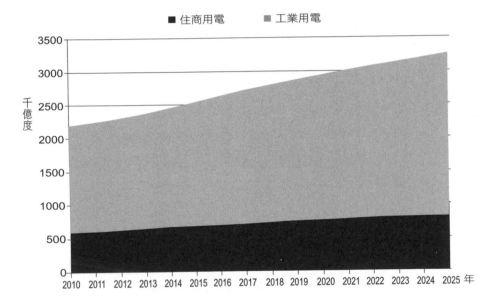

資料來源：經濟部能源局〈100 年長期負載預測與電源開發規劃〉

這個規劃的結果就是讓台灣人面對核災風險、排碳量快速增加、電價還高漲，不僅無法達到非核家園的目標，也沒達到減碳效果，足以顯見這樣的規劃並不合理。

以天然氣替代核四，無助於解決問題

燃氣火力發電是很多人期待可以取代核電的一種選擇，因為燃氣發電所排出的溫室氣體及空氣汙染物比燃煤發電來得少，且近期因頁岩氣（Shale gas）的發展，價格較為穩定，似乎可作為台灣邁向非核家園的適當替代方案。只是按照現行官方的用電需求成長趨勢，若僅以燃氣發電廠替代核能發電廠，除了達到非核家園的結果，排碳量、電價都會比使用核能的方案還高。

根據台電的估算，如果將全部的核電全部以燃氣火力發電替代，並考量燃料價格上漲趨勢與新建發電廠的硬體費用之後，電價將比現在增加49％，其中有14個百分點是因為停建核四造成的電價上漲。然而經濟部的這個估算是基於高估天然氣發電成本、低估核電成本等錯誤假設，

且又隱蔽上述漲幅變動的時間期程，所提出的說法。[48]

　　綠色公民行動聯盟估算，如果為了達到非核家園的目標，以燃氣電廠來替代核電廠，而且沒有積極抑制電力需求成長，也不配合強化再生能源發展等措施，那到 2025年，燃氣發電占總發電量的比重將由官方政策規劃的 34%增加至 40%。而電力系統的二氧化碳排放量也會比 2010年增加 41% 以上，不利達成目前宣示的減碳目標。

　　如果發電成本完全反應在電價上，那電價將比官方方案高出 6% 左右，而住商總電費也比官方方案增加約6%，不過影響幅度遠遠比台電估算的數字還低。

　　以天然氣代替核四的結果，雖然達到非核家園的目標，但是因為還有大量的燃煤發電，而且增加的燃氣發電亦會增加溫室氣體排放，台灣人民仍將置身於高排碳、高健康風險的環境中。

工業浪費用電才是問題關鍵

　　其實會有這種兩難，最大的問題在於經濟部與台電過

---

48 莫聞：〈廢核電價漲四成？民團破解經濟部算法〉，環境資訊中心 http://
　　e-info.org.tw/node/83357

於高估電力需求成長。前面提到過，過去 10 年，台灣的電力需求年複合成長率不到 1.5％，但台電的能源規劃卻將電力需求成長預估訂為 3％。

　　況且，如果仔細看細部資訊，會發現台電的預估中，用電增加的最大來源來自工業部門，增加幅度是需求增加總量的 78％以上，但是工業部門對經濟成長的貢獻幅度只有 23％。這意味著，台電在進行電力需求預測時，仍舊以發展舊有的工業、製造業作為拚經濟的手段，沒有考慮到現在台灣的經濟已經是服務業為主的產業型態，而政府念茲在茲的產業轉型，在這個規劃裡面完全沒有實現。因此產業界才會不思轉型，持續利用便宜的能源，反而讓台灣陷入環境、經濟、社會的三重危機。

　　每每談論到節能與抑制用電成長等議題時，政府常見的回應就是台灣電價在國際上是數一數二的低。只是這樣的說法常引來諸多批評。像是國營企業的營運效率不彰、尖離峰的差異以及備用容量率導致電力設施的閒置投資、民營電廠購電價格過高等等。

　　然而，從台電每年的決算書所揭露的成本結構可以發現，燃料成本就占了 7 成。國際能源總署甚至分析，2010 年，台灣在電力的燃料補貼高達 3.4 億美元（約 100 億台幣）。因此，當前電價的確沒有反應成本，而政府間接提供了龐大的補貼，只是全民都不知道。

　　如果從台電預算書來加以分析，工業用電售價每度比發電成本低了 0.4 元左右，成為台電虧損的主要來源，而這些虧損未來都要由全民買單。換句話說，全民的納稅錢，就透過用電折扣的方式，補貼給高耗能產業的業者。

　　根據綠色公民行動聯盟估算，2011 年補助工業用電的金額是 537 億，而台電的稅後虧損是 434 億；2010 年補助工業用電的金額是 362 億，而台電的稅後虧損是 352 億。補貼金額都高於台電的虧損金額。（見表 13）

　　總計 2007 年至 2011 年這 5 年間，補貼工業用電的金額將近 2,600 億元，同期的台電稅後虧損超過 1,900 億，補貼給工業用電的金額，恰巧是台電虧損金額的 7 成，跟工業用電的占比相近。

表 13　歷年來的工業用電量與相關價格比對表

年份	工業用電量（億度）	發電成本（元/度）	工業用電價格（元/度）	工業用電補貼（億元）	台電稅後虧損（億元）
2007	1,194	2.37	1.93	528	233
2008	1,171	2.90	2.12	913	752
2009	1,097	2.68	2.46	239	134
2010	1,242	2.75	2.46	362	352
2011	1,278	2.87	2.45	537	434

資料來源：綠色公民行動聯盟整理自台電預算書

　　監察院也有同樣的觀察，在 2013 年 6 月公布的調查報告指出，工業部門的用電戶只有 10％，但產業用電量卻占 8 成，而且電子、鋼鐵、電器及電力機械、金屬製品製造、紡織業等五大產業的產業用電量高達 45％，還享有電費補助，2011 年的補貼金額就高達 398 億元。（監察院，2013，工業用電調查報告。http://www.cy.gov.tw/sp.asp?xdURL=./di/Message/message_1.asp&ctNode=903&msg_id=4471）

　　這樣的電價結構，突顯政府仍在放任產業繼續抱持既有的耗能生產模式，掠奪全民資產。而低工業電價的後果，就是讓這些用電大戶不知節制的耗電，工業用電量自

然也就不會下降。

可是政府總是恐嚇用電量不到 3 成的民眾說，有本事就不要吹冷氣，不然不該反核。殊不知低電價的最大受益者並非一般民眾，而是產值不到 3 成的工業用電大戶，讓一般民眾白白背了這個黑鍋。

這種電價訂定方式，就是讓產業界不去努力提升工業設備的效率。根據能源局委託工研院調查的「設備能源效率參考指標彙整表」顯示，台灣的工業平均能源效率離最佳能源效率至少差了 20％，也就是說，工業用電效率至少還有 20％以上的進步空間。[49]

從能源效率差距最大的設備來看，造紙、紡織、橡膠、食品、電子與汽車業部分設備的能源效率都有待加強，而且造紙用的解離機、紡織用的梭織布機、假撚加工機的能源效率差距竟然超過 100％。（見表 14）

而傳統高耗能的鋼鐵、水泥業產業設備，能源效率差距也不小。像是鋼鐵業的電弧爐用電效率差了 20％，水泥業的水泥研磨機差了 23％、電子業無塵室差了 23％。

---

49 能源資訊網，設備能源效率參考指標彙整表 http://emis.erl.itri.org.tw/benchmark/list.asp

表 14 前 10 大用電缺乏效率的產業設備

行業別	設備項目名稱	最佳值	平均值	能源效率可再進步幅度	單位及運算式
造紙	解離機	2.41	5.38	123.24%	kWh/ 公噸＝ 耗電量 ÷ 處理量
紡織	梭織布機	89	188	111.24%	kWh/ 千碼＝ 電量 ÷ 生產千碼數
紡織	假撚加工機 （300 丹尼）	469	967	106.18%	kWh/ 公噸加工絲
紡織	假撚加工機 （75 丹尼）	646	1236	91.33%	kWh/ 公噸加工絲
橡膠	延伸機	1496	2806	87.57%	Mcal/ 公噸＝ 熱電需求量 ÷ 產量
造紙	散漿機（針葉,濕強木漿）	45	81.9	82.00%	kWh/ 公噸出料量
紡織	無梭織布機	262	456	74.05%	kWh/ 千碼＝ 電量 ÷ 生產千碼數
食品	蒸煮機	15	26	73.33%	效率（%）＝熱回收總量 ÷ 蒸汽用量 （kg/ 釜）
電子	PCB 壓合機	0.6	0.8	33.33%	$Mcal/ft^2$＝熱電需求量 ÷ 壓合板面積
車業	沖壓機 （800 公噸）	0.6	0.8	33.33%	kWh/ 個＝ 電量 ÷ 沖壓次數

資料來源：能源資訊網，設備能源效率參考指標彙整表，http://emis.erl.itri.org.tw/benchmark/list.asp

其實，能源管理法第 14 條即規範，「廠商製造或進口中央主管機關指定之使用能源設備或器具供國內使用者，其能源設備或器具之能源效率，應符合中央主管機關容許耗用能源之規定，並應標示能源耗用量及其效率。」從這個調查就可以發現，台灣政府並沒有強制執行能源管理法，才會容許如此浪費電力的機器設備持續被使用，持續消耗我們的能源。

　　因高額工業電價補貼，導致台灣的產業結構傾向耗能產業，也使得耗能產業缺乏提升能源效率的動力，因此台灣整體經濟體的用電效率，極為低落。從 2012 年國際能源總署的資料計算顯示，台灣的電力密集度是丹麥的 3 倍、日本與德國的 2 倍以上，甚至比韓國都多出了 12％。電力密集度是指這個國家每賺 1 美元（每增加 1 美元國內生產毛額）所耗費的電力，這意味著台灣比丹麥、日本、德國甚至韓國多耗費更多電，才能創造相同的經濟績效。[50]

　　因此，未來是否缺電的關鍵在於能否抑制用電需求，尤其是工業大戶的用電，而非台電與政府刻意誤導的用不

---

50 IEA, Key World Energy Statistic 2012. http://www.iea.org/publications/freepublications/publication/kwes.pdf .

用核電。以經濟部的電力需求成長預估，就算不廢核，蓋了 10 座核電廠還是不夠用。維持台灣電力供應穩定的真正關鍵，在於走出電力需求與經濟成長掛鉤的假設估計，並抑制毫無節制成長的用電方式。

讓用電需求成長與經濟成長脫鉤並不是不可能的事，丹麥、瑞典、英國、德國、日本在 2000 年至 2010 年之間，都已經逼近電力需求零成長，而經濟仍可持續成長的目標。（見圖 7）

對於未來的發展，德國在能源革命政策中提出了 2020 年的用電量要比 2008 年低 10％、2050 年要比 2008 年低 25％的目標 [51]；2012 年以公投決定要邁向非核的義大利，也在 2013 年 3 月提出的能源戰略規劃中，設定 2020 年的電力需求不得比 2010 年高出 4％的目標 [52]；而同樣欲邁向非核國的瑞士，也提出 2020 年的用電量不能比 2010 年增加 5％，而且之後要維持零成長的目標。

面對未來的用電需求挑戰，如果按照當前經濟部的能源耗用模式，絕對行不通。工業技術研究院資深顧問楊日昌

51 First Monitoring Report "Energy of the future" http://www.bmwi.de/English/Redaktion/Pdf/first-monitoring-report-energy-of-the-future
52 Italy's National Energy Strategy - Public Consultation Document http://www.sviluppoeconomico.gov.it/images/stories/documenti/20121115-SEN-EN.pdf

圖 7 　各國 2000 年與 2010 年用電成長與經濟成長倍數

資料來源 ：電力資料整理自美國能源情報署（Energy Information Agency）；
經濟成長率資料整理自國際貨幣基金（IMF）。

算式說明：

$$經濟成長倍數 = \frac{2010 \text{ 年國內生產毛額} - 2000 \text{ 年國內生產毛額}}{2000 \text{ 年國內生產毛額}}$$

$$用電成長倍數 = \frac{2010 \text{ 年用電量} - 2000 \text{ 年用電量}}{2000 \text{ 年用電量}}$$

就曾表示 :「盡可能抑低電力需求是當務之急。它一方面可以減緩用電需求的成長，減少需要新建電廠的數量，更重要的是它延後電力永續瓶頸的到來，為產業結構的高困難度轉型爭取更多的時間。……盡可能抑低電力需求其實是一件沒有缺電壓力也該做的事。這些先例都在在的顯示抑低用電的可行性。在我國它則更已經是『不行不可』的事了。」[53]

發揮再生能源潛力

用電零成長是非核園的第一步，發揮台灣的再生能源潛力就是第二步。

根據經濟部在 311 福島核災後宣布的再生能源發展目標，在 2025 年時，台灣再生能源的總裝置容量要達到 995 萬 2,000 瓩（9952MW），其中風力發電占 300 萬瓩（3000MW），太陽能光電占 250 萬瓩（2500MW）。但實際上，台灣在風力跟太陽能光電等再生能源的發展，應該有潛力達到更高的目標。

依照能源局委託工研院進行的《台灣再生能源潛力調

53 經濟部電子報，〈311 福島核災周年對台灣能源發展的省思〉，2012/03/05，
http://www.moea.gov.tw/Mns/populace/news/wHandEpaper_File.ashx?ec_id=2

查》，台灣陸上風力發電可以裝設 4,500 台風力發電機。鑑於生態敏感區以及國安等考量，假設達成預估值的 2/3，則總共可以裝設 3,000 台裝置容量為 2,000 瓩（2MW）的風力發電機，總裝置容量達 600 萬瓩（6000MW）。而離岸風力發電機的總裝置容量，預估可以達到 200 萬瓩（2000MW）。從這樣的預估來看，如果台灣政府真有心要發展風力發電，到 2025 年應該可以達到 800 萬瓩（8000MW）的裝置容量，是原先預估的 3 倍。

　　而在太陽能光電上，針對住宅屋頂式太陽能光電板之設置潛力，工研院估算可以有 346 萬 7,000 瓩（3467MW）。而在平地型太陽能光電板之設置上，若依照屏東「養水種電」的計畫，在地層下陷區的太陽光電板設置量可以達到 30 萬瓩（300MW）。如果同樣裝置在日照較豐富且有地層下陷威脅的高雄、台南、嘉義、雲林等地，則在 2025 年時，台灣的太陽能發電之裝置容量可以達到 500 萬瓩（5000MW）。

　　以這樣估算，太陽能光電的裝置容量將變成原先預估的 2 倍。

　　因此，若可從政策下手，發揮台灣再生能源的最大潛力，那麼到了 2025 年，台灣的再生能源的總裝置容量至少可能達到 1,645 萬瓩（16450MW），是政府原先預估目標的 2 倍，是目前總裝置容量的 4 倍。（見表 15）

表 15　再生能源發展規劃建議

	2010 年	2025 年官方目標	2025 年NGO 方案	備註
慣常水力	1,945	2,502	1,500	不當慣常水力，將破壞生態。
風力發電	506	3,000	8,000	迴避生態敏感區，發揮風力潛能。
地熱發電	---	150	150	依照官方規劃
太陽光電	75	2,500	5,000	發揮家戶式的太陽光電最大潛力。並推動養水種電方案。
生質能發電	814.5	1,369	1,369	依照官方規劃
燃料電池	---	200	200	依照官方規劃
海洋能發電	---	200	200	依照官方規劃
合計	3,340	9,952	16,450	

單位：千瓩
資料整理：綠色公民行動聯盟

　　依照這樣的規劃，光是發展再生能源就可以達到 4.5 個核四廠的發電能力，發電量亦可達 2 個核四廠以上。

分散式能源系統才能提供台灣能源安全

　　有些擁核人士會說，德國的替代能源之所以發展迅速，是因為與鄰近國家的電網相連，所以如果太陽光能無法發電時，還可以利用法國的核能。但是台灣，只有獨立電網，替代能源的供電又不穩定，只要發生一個天災可能就會碰上無法供電的危機，根本不能達到「能源安全」的要求。

　　因此，就因為台灣只有獨立電網，所以我們認為，開放各家各戶都能建置發電裝置，採取分散式能源系統，更能解決能源安全的顧慮。

　　在依賴核能及其他火力發電的集中式能源系統下，試想：我們沒有其他國家或電網的支援，一個颱風、一場天然或人為的災害，使發電系統的單一環節出錯，台灣可能立即失去電力。因此集中式能源恰恰是確保台灣能源安全的錯誤答案，甚至可能是讓我們步入更大危機的能源選擇。

　　我們更需要的是建立分散式能源系統，相互支援，而再生能源剛好適合小規模、區域性的發展。鹽寮自救會前會長吳文通就提到，如果一家四口住在一戶透天厝，屋頂拿來蓋太陽能板，假設用電量 1 小時最多 3 瓩，只要投資 2 瓩的太陽能板，春天、秋天和冬天沒有用冷氣的時候，有剩餘的電可以賣給電力公司，甚至不在家的時候，沒有用電，太陽能板還在繼續發電，繼續賺錢。

　　除了發電以外，蓋了太陽能板以後還可以降溫，讓水泥建材的房屋內部變得更涼爽，用電量自然更省。

　　而當各家各戶都有自己的發電系統，一個天災來襲，就算損害部分發電機組，還是有很多機組可以使用，不像核能或火力發電廠，一遇上天災發生，如 2011 年的福島核災，或是九二一大地震，不是發電廠停止供電，就是電廠沒問題，但是電送不出去，反而造成缺電危機。

　　而從產業來看，核能電廠的投資金額龐大，只有大財團有能力投資，還會排擠再生能源產業的發展；相反的，由於再生能源產業的投資門檻較低，小至家家戶戶都可以

投資。再生能源的原料供給雖然不穩定,但是源源不絕,
對能源無法自給的台灣來說,才是降低能源進口依賴,真
正完成「能源安全」的可能途徑。

增加政策配套

除了用電零成長和增加再生能源的發展之外,政策的
配合也很重要。

很多人都把能源政策的重點擺在能源發電的比重與電
價,但實際上,在能源使用的過程中,時常會排放各類汙
染物,像是鋼鐵業、石化業這類的高用電產業,就常是空
氣汙染的主要來源,可是在電價中並沒有反映出這些影
響。因此,想要反應用電過程所衍生出的其他成本,課徵
能源稅應該是必要目的。

其實在 2006 年 7 月的全國經濟永續發展會議就把課
徵能源稅列為共識意見,並做出結論 :「增加稅收應優先
用於提高免稅額或降低個人綜合所得稅及營利事業所得
稅,以維持租稅中立,減少企業對員工社會福利之負擔,

創造雙重紅利效果；其次為環境能源面之相關研究發展支出如節約能源、再生能源、二氧化碳減量技術研究發展；再為公共建設，協助人力教育投資、產業發展及社會福利、照顧弱勢以減少失業率；將部分稅收分配地方政府，以助於地方發展。」[54]

　　總結來說，在電力需求面的部分，提升能源使用效率、調整產業結構，並課徵能源稅來降低需求，達到電力需求零成長的目標；在供給面上，發展再生能源來取代核能發電。需求與供給面雙管齊下，才有機會讓台灣躲開高核災風險、高二氧化碳排放與高發電成本的處境。（見表 16）

　　根據這樣的預估，倘若台灣改以用電需求零成長為目標，使 2025 年的用電量，維持在 2010 年的水準，且發揮台灣的再生能源潛力，使發電量可達到官方規畫的 1.83 倍，占總發電量的比例增加至 21％，再配合燃氣電廠的擴增，則不僅可使台灣達到真正的非核家園，且可大幅降低燃煤電廠之需求，使 65％以上的燃煤電廠在未來 15 年間逐步淘汰。

54《台灣經濟永續發展會議實錄》，台灣經濟永續發展會議秘書處編印，www.cepd.gov.tw/dn.aspx?uid=5061。

表 16　用電零成長的配套政策

落實機制	內涵
能源發展綱領	以電力需求零成長為願景，並依此規劃分期分區能源供應上限
電價調整與能源稅	取消對化石燃料的電價補貼，並課徵能源稅，以反應耗用能源產生的外部成本。
產業發展綱領以及經濟動能推升方案	產業結構調整以及誘因設計，均應契合電力零成長的理念。
電子業政策環評	電子業作為近年耗電成長驅動力，且用電效率提昇幅度極微。故應仿效鋼鐵業與石化業進行產業政策環評，設定發展上限。
台電結構調整	預算編列、員額配置以及訂價策略均應以電力管理為原則

資料整理：綠色公民行動聯盟

　　這樣的結果，可使電力系統的二氧化碳排放量比 2010 年削減近 5,000 萬公噸，有助於落實溫室氣體減量承諾，也可以減少空氣污染物衍生的健康風險。而總發電成本也比原先台電提出的核四商轉方案降低了 20％。而就算電價充分反映單位發電成本的增加幅度，電價雖將比官方方

案高出 20％，但藉由移除工業電價補貼、能源稅等政策工具，推動節能措施，實際上可使住商電費亦低 0.3％以上，同時亦能降低中小企業的負擔，這才是一個對台灣未來發展有利的多贏策略。

電力需求零成長的行動策略

因此，綠色公民行動聯盟提出以下三個用電需求零成長的行動策略：

1. 2020 年的用電量削減至 2010 年的水準，之後用電量不增加；
2. 2013 年至 2015 年間，總用電力需求成長率持續降低，至 2015 年達到用電高峰後，轉而下降；
3. 充分反映成本的能源稅、產業結構調整、能源效率標準的落實等政策都能落實。

對一般民眾以及中小企業而言，電力需求零成長的各項行動策略，意味著在日常生活中力行節電，可獲得許多實質的效益。

而能源稅的實行，從能源耗用上所課得的稅額，可用
於降低綜合所得稅以及營業所得稅的負擔。因此若採取積
極的節電措施，不僅降低電費的支出，且可因稅賦負擔的
減免，享受雙重紅利。

就整體國家產業競爭力而言，台灣本已面臨產業結構
調整、提高附加價值的需求，而推動電力需求零成長，不
僅可以創造新興節能產業的綠色就業機會，亦可加速產業
結構的調整，降低耗能產業占比，提高台灣整體經濟面對
未來氣候變遷以及燃料價格高漲時的應變能力。

能源政策三重挑戰下的電力結構方案比較

若以 2025 年為目標，面對核災風險、化石燃料枯竭
以及氣候變遷的三重挑戰，台灣未來的電力結構有哪些可
行的選擇？我們用圖 8 與表 17 來呈現三種電力結構方案
的優劣，很顯然的，用電需求零成長的非核低碳方案應該
是未來台灣能源政策中最好的方向。

圖 8　2025 年電力結構方案比較

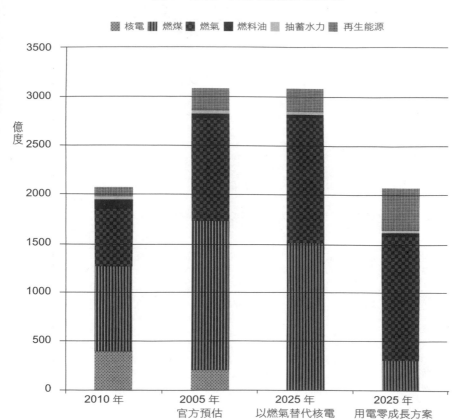

資料整理：綠色公民行動聯盟

表 17 「非核低碳 vs. 高碳核災」情境說明

	官方電力結構規劃	沿用官方電力成長預估，以天然氣代核能	核四替代方案：用電需求零成長，非核低碳
經濟成長率	3.8%	3.8%	3.8%
能源效率提升目標	每年進步 2% 以上	每年進步 2% 以上	每年進步 3.6%
電力需求量成長趨勢	2025 年時，電力需求量會比 2010 年成長 48%。	2025 年時，電力需求量會比 2010 年成長 48%。	2025 年時，電力需求量不高於 2010 年。
燃煤火力	2025 年會比 2010 年成長 70%。	2025 年會比 2010 年成長 70%。	2025 年比 2010 年削減 65%。
核電	‧核一至核三除役 ‧核四運轉	‧核一至核三除役 ‧核四停工	‧核一至核三除役 ‧核四停工
再生能源發電	2025 年達到 8450MW 發電量占比為 7.7%	2025 年達到 8450MW 發電量占比為 7.7%	2025 年達到 16450MW（發揮台灣再生能源最大潛力）發電量占比為 21.2%
電力系統溫室氣體排放量	約比 2010 年高出 34%，增加 4600 萬公噸。	約比 2010 年高出 41%，增加 5500 萬公噸。	約比 2010 年低了 38%，削減 5000 萬公噸。
燃料成本增幅	2010 年的 2.68 倍	2010 年的 2.9 倍	2010 年的 2.07 倍，較官方少了 1800 億元。
發電成本增幅	2010 年的 2.66 倍	2010 年的 2.83 倍	2010 年的 2.12 倍
住商總電價年均增幅	5.7%	6.4%	5.4%
經濟發展範型	環境資源剝削式成長	環境資源剝削式成長	綠色經濟低碳發展
產業結構轉型	繼續發展高耗能產業	繼續發展高耗能產業	訂定高耗能產業發展上限，調整產業結構
就業機會	既有結構	既有結構	創造節能、再生能源等綠色就業機會

資料整理：綠色公民行動聯盟

突破經濟成長迷思的綠色經濟

經濟學界有一個流傳已久的國內生產毛額笑話。

兩個聰明的經濟學天才青年經常為高深的經濟學理論爭吵不休。某一天，兩人走在路上，不知不覺就吵得不可開交。

這時他們發現草地上有一堆狗屎。甲就跟乙說：「如果你把它吃下去，我給你 500 萬。」

乙在頭腦裡想了想，發現經濟學的理性思維告訴自己，這筆交易很划算，所以很痛苦的把狗屎給吃了，得到 500 萬。

繼續走啊走，又發現另一堆狗屎。乙正為剛吃下去的狗屎而反胃，而甲則為 500 萬暗自心疼。於是乙就對甲說：「如果你把它吃下去，我也給你 500 萬。」

經濟學的理性思維告訴甲，這筆交易很划算，所以甲也很痛苦的吃了那坨狗屎，拿回 500 萬。

兩個天才突然領悟，嚎啕大哭說：「搞了半天我們

什麼都沒得到，卻吃了兩坨狗屎，難道經濟學理論錯了嗎？」

他們回去找老師，老師聽了這個故事，也嚎啕大哭起來，說道：「你們只吃了兩個狗屎，就幫國家創造 1,000 萬的國內生產毛額啊！」

經濟成長再思索

1930 年代發明的國內生產毛額概念，不到 10 年就成為計算一國經濟產值的主要工具，經濟成長率更以國內生產毛額的增加幅度來衡量。70 多年來，各國政府拿著經濟成長當作經濟發展的成績單，相互比較。

台灣政府也一樣，面對重大開發案或是經建政策，常以可增加多少國內生產毛額作為論述依據，核四興建也是如此，政府動輒將停建核四會造成台灣經濟成長率下降掛在嘴邊，卻完全忽略經濟成長所付出的環境代價，空氣、水、海洋汙染時有所聞。

其實早有經濟學家發覺到這樣的問題，試圖將各項環

境衝擊納入國內生產毛額的計算中，環境外部成本評價
（Environmental External Cost Valuation）就是其中一種方
法。環境外部成本，簡單來說，就是對環境造成的負面影
響代價，可以說是一種經濟損失。幾項國際重要的研究就
用這種方法分析，指出當前的經濟發展模式必須轉型，因
為付出的環境成本越來越龐大。

全球經濟發展的環境成本

　　環境顧問公司 Trucost 在 2013 年 4 月發表的報告指
出，2009 年，全球因土地占用、水資源耗用、溫室氣體排
放、空氣汙染、水汙染、土壤汙染以及廢棄物所衍生的環
境外部成本高達 7.3 兆美元（約 219 兆台幣），相當於全球
生產毛額的 13％。其中最主要的汙染熱點為東亞及北美的
燃煤發電業、南美洲的畜牧業以及南亞的農業、鋼鐵與水
泥業。

　　報告還指出，如果考慮整個產業生產鏈的環境衝擊，
則目前的黃豆加工業、肉品加工業每產出 100 萬美元（約

3,000 萬台幣）產值時，其環境外部成本則已高達 150 萬美元（約 4,500 萬台幣）以上，是產值的 1.5 倍。[55]

其實聯合國環境規劃署（United Nations Environment Programme）曾委託 Trucost 計算全球 3,000 大企業造成的環境衝擊。

Trucost 指出，2008 年的環境外部成本達到近 6.6 兆美元（約 198 兆台幣），相當於全球總產值的 11％。其中有 1/3 是由全球 3,000 大企業創造，達到 2 兆 1,500 億美元（約 64 兆 5,000 億台幣），這個數字相當於企業 1 年總收入的 7％。

至於環境外部成本最高的 5 個產業依序為電力業、油氣業、礦產冶煉業、食品業以及營造業；而企業造成的各項環境外部成本中，有高達 49％是從供應鏈衍生出來。其中，在水資源與自然資源項目中，供應鏈衍生出的環境外部成本就超過 65％。

另外，如果這樣的發展方向不變，到了 2050 年，環境外部成本將達到 28 兆 6,000 億美元（約 858 兆台幣），

55 Trucost, "Natural Capital at Risk: The Top 100 Externalities of Business", 2013/04, http://www.teebforbusiness.org/js/plugins/filemanager/files/TEEB_Final_Report_v5.pdf

將占全球總產值的 18％。[56]

　　Trucost 的分析突顯當前經濟體系對環境的龐大影響，尤其全球大企業更是造成環境衝擊的主要對象，可是大部分現行的法規卻不見得要求企業對環境的破壞負責。如果全球既有的經濟體系無法進行系統性的變革，藉由政策工具將環境外部成本內化至政府或企業的各項決策中，那麼全球奢談綠色經濟或永續發展。

　　如果再加入對生物多樣性影響的評估，那環境外部成本就更高了。聯合國環境規劃署在 2007 年開始「生態系暨生物多樣性經濟學」（The Economics of Ecosystems and Biodiversity）的專案研究，就針對海洋、沿海地帶、溼地、森林等 12 種棲地類型，計算「生態服務」的價值，試圖衡量棲地對生物多樣性的價值。

　　所謂的生態服務，是指生態系統對於人類福祉直接及間接的貢獻，分成供給、調節、生物棲息、文化及生活安適性等四大類：

　　供給，是指生態系統提供食物、原料或是藥用資源；

---

56 United Nations Environment Programme, "Universal ownership: why environmental externalities matter to institutional investors", 2011/04, http://www.unepfi.org/fileadmin/documents/universal_ownership_full.pdf.

調節，則是強調生態系統具有防洪、空氣品質淨化、水質淨化、水土保持等避免環境品質對人類產生負面影響的功能；

生物棲地，則是強調對保護物種存續以及維持遺傳多樣性的價值；

另外，由於生態系統為民眾遊憩之主要去處，更是許多藝文作品的靈感來源，因此其在文化及生活安適性上的貢獻亦不可忽略。

這項研究指出，1 公頃珊瑚礁 1 年帶來的生態服務價值高達 120 萬美元（約 3,600 萬台幣），其中，生態旅遊為 105 萬美元（約 3,150 萬台幣）；另外，珊瑚礁在調節作用上亦非常顯著，特別是防止極端氣候的影響以及海岸侵蝕。

而沿海濕地是重要的生物棲地，生態服務的價值自然不低。這項研究估計，1 公頃的沿海溼地，1 年的生態服務價值為 21 萬美元（約 630 萬台幣），其中在水質處理、提供物種遷移廊道以及極端氣候調節上價值最高。光是水

質淨化的價值就高達 12 萬美元（約 360 萬台幣），顯見沿海溼地作為地球之腎的重要性。

　　這個研究也進一步分析這些棲地對貧窮國家的重要性。結果顯示，在傳統國內生產毛額的估算中，貧窮國家的農林漁牧等初級產業僅占 6％至 17％，但如果加入生態服務的考量，則生態系的價值可占國內生產毛額的 46％至 89％不等。這個數字說明，貧窮國家常為了脫貧，將生態棲地轉成畜牧或工業用地，可能得不償失。

束之高閣的綠色國民所得帳

　　反觀台灣，雖然全球在衡量經濟發展走向的同時，開始認真考量所產生的環境外部成本，但是台灣政府仍舊漠視經濟發展產生的環境衝擊。

　　核電開發就是其中一項，不僅漠視核電廠與核廢料存放的土地在未來將難以平復，而且在發電成本中拒絕將對環境衝擊的影響計算在內，造成核電比較便宜的假象，而這些看似便宜的核電，又繼續餵養台灣高耗能產業，製造

更多環境汙染。

　　事實上，主計處在 2003 年就委請學者開發台灣的綠色國民所得帳，試圖計算環境外部成本。根據最新的綠色國民所得帳顯示，2011 年，台灣環境的外部成本為 787 億台幣，較 2010 年的 843 億下降。占國內生產毛額的比率也從 2010 年的 0.62％下降至 2011 年的 0.58％。主計處認為，這反映了國內在環保工作上有穩定的進展。

　　表面上，這個數字顯示台灣的經濟發展並沒有對環境造成太大衝擊。可是實際看綠色國民所得帳的編列方式，就會發現台灣的環境外部成本明顯低估。

　　從編列項目來看，台灣的環境外部成本計算主要分為「自然資源折耗」與「環境品質質損」兩類。「自然資源折耗」包括水資源、礦產與土石資源的折耗評估；而「環境品質質損」則包括空氣汙染、水汙染及固體廢棄物的質損評估。

　　只是，像是生態系統、溫室氣體、有害空氣汙染物（如戴奧辛、重金屬等）的環境影響都沒有計算在內，也

忽略化石燃料與礦產資源多仰賴進口的現狀，僅就國內開採的部分進行環境衝擊評估，環境外部成本明顯遭到低估。

　　綠色國民所得帳已經發展近 10 年，但是這 10 年來，仍有多項環境影響沒有評估，反而因此讓政府有理由忽略這些環境衝擊，製造失真的經濟成長假象。

揚棄唯經濟成長的自由放任市場模式

　　前世界銀行首席經濟學家史登（Nicholas Stern）以及研究智庫 Carbon Tracker Initiative 在 2013 年 4 月公布〈不能燒的碳〉（Unburnable Carbon）報告中提到，若要讓增加的大氣溫度有 80％的機率不超過 2℃，在 2050 年以前，只能再多燒化石燃料 5,650 億噸的二氧化碳，如果把機率降低至 50％，那也只能多燒 8,860 億噸的二氧化碳。這意味著以目前 2 兆 8,600 億噸二氧化碳總量計算，只能燒 20％，大部分的化石燃料都該留在地底下。

　　因此，這份報告指出，如果真如各國承諾要因應氣候

變遷，傳統化石燃料業者是沒有成長空間的，這些業者在股票市場上存在著「碳泡沫」（carbon bubble）的風險。報告還引用匯豐控股（HSBC）的評估，指出若要減少溫室氣體排放，則目前市場上的石油與天然氣公司的資產價值將只剩下目前價值的 40％至 60％。[57]

但另一方面，目前資本市場上卻沒有意識到碳泡沫的危機，如紐約與倫敦證券市場上的投資組合所隱含的碳足跡仍是持續上漲。而全球在未來 10 年仍有高達 6 兆元的資金投入探勘新的化石燃料。然而從因應氣候變遷的角度而言，這 6 兆元的資金將只是種浪費。因此若商業模式與金融市場仍未將此碳泡沫化的風險納入考量，那麼未來全球只有面對在金融危機或大規模氣候災難中二擇一的選擇。

在追求經濟成長的舊有模式下，龐大的環境外部成本勢必將反噬經濟成長的果實。聯合國工業發展組織（United Nations Industrial Development Organization）以及法國發展署（Agence Française de Développement）近期

---

57 Carbon Tracker, "Unburnable Carbon: Are the world's financial markets carrying a carbon bubble?", 2013/04, http://www.carbontracker.org/wp-content/uploads/downloads/2012/08/Unburnable-Carbon-Full1.pdf.

共同委託永續歐洲研究院提出一份報告指出，過往的經濟發展與研發創新都著重在提升勞動生產力。自工業革命以來，全球的勞動生產力已經提升 20 倍以上，但是自然資源生產力的提升卻極為有限。因此，在目前整體經濟成長率低於勞動生產力提升的幅度之下，失業人口只會持續增加，但由於經濟成長率仍比資源生產力的增加幅度高，因此整個經濟體的資源耗用量與汙染物排放量不斷推升。

從數字可以看得更清楚，1980 年至 2008 年的 30 年間，全球資源生產力雖然提升了 40％，但整體全球經濟成長幅度高達 150％以上，導致化石燃料、礦產、木材與穀物等物質的消耗量增加了 80％。

因此這份報告建議，若要邁向永續發展，唯一可行的綠色成長途徑是使勞動生產力的進步率，低於經濟成長率；而讓資源生產力的進步率，高於經濟成長率。故建議各國應盡速推動環境稅制改革與移除環境有害補貼，如藉由能源稅與碳稅的開徵，以降低所得稅的負擔。[58]

---

58 United Nations Industrial Development Organization & Agence Française de Développement，"Green Growth From Labour to Resource Productivity"，2013 http://www.unido.org/fileadmin/user_media_upgrade/Media_center/2013/GREENBOOK.pdf.

揭露官方的 GDP 恐嚇術

當聯合國、知名經濟學者甚至是金融業界均紛紛思考
既有經濟發展型態該如何因應嚴峻的環境危機時，若將目
光移回同時面對核災風險、氣候變遷、產業轉型等多重危
機的台灣，卻會驚訝的發現各大經濟智庫提出的論調竟是
如此貧乏。

如面對核四停建對經濟的影響議題，無論是經建部門
或是各大經濟智庫，均依循著若停建核四，則須以燃氣發
電彌補其供電缺口的思維；而因台電提供的資料中，燃氣
發電的成本為核四的 2 倍，因此得出停建核四就會造成電
價增加，致使產業出口競爭力下降、民間消費規模縮減，
致使經濟成長趨緩，導致失業人數增加的結論。

因此，各經建部會以及各官方倚重的智庫學者放送著
停建核四衝擊經濟的論點，以回應龐大的廢核民意，不但
不願正視其評估模型基本參數的謬誤，亦不願正面向全民
解釋其評估結果。

如依據主計處評估，當電價上漲 10％之時，經濟成

長率影響程度約在 0.13％之間。而依據經濟部的《核能議題問答集》的資料，停建核四，並以燃氣發電替代的話，2018 年電價將比 2013 年 10 月調整後的電價（3.15 元／度）上漲約 13％至 15％。而既有核電廠在 2025 年以前陸續屆齡停役後，估計 2026 年電價將比 2013 年的電價上漲 34％至 42％。

這也意味著依照上述的官方資訊推估，即使是停建核四對整體經濟成長率的衝擊，最多僅 0.2％，此影響程度，甚至還低於發放消費券之影響程度。且此評估結果，乃在高估用電需求與天然氣成本、低估能源效率提升效果以及核四發電成本等錯誤假設條件下所完成。若在基於較為真切的資訊，而且以分年反應燃料成本的增幅之時，停建核四對整體經濟的影響極為有限。

且 2011 年於國光石化爭議之時，經濟部亦屢次以國光石化可帶來 2％的經濟成長率來護航其興建之必要性。然最終政府仍是在全民的壓力之下，宣布停建國光石化。因此在面對核四爭議，若仍舊扛出經濟恐嚇論，恐經不起

全民檢驗。

擺脫台灣的核電泡沫風險

　　氣候變遷使傳統化石燃料企業以及碳密集的經濟體，將處於碳泡沫化的危機。同樣的，潛在的核災風險亦將使台灣的經濟發展，處於「核泡沫化」（Nuclear Bubble）風險之中。

　　論證核四興廢與否之時，台灣官方雖標舉「多一點理性」、「也要經濟的安全」，但其於討論對經濟之衝擊時，僅單方面提供前述停建核四後，因電價上漲而對經濟所產生之衝擊，卻未曾針對若台灣發生核災之總成本評估進行完整分析。反觀，身處法國此類擁核大國的核能相關研究單位，仍願意就「如果福島核災發生在法國」加以探討。

　　依據法國核能研究所派翠克・馬莫博士（Patrick Momal）的研究指出，要分析核災對經濟的影響時，應評估的項目包括電廠除役與整治成本、替代發電成本、健康成本、農產損失成本、心理影響、疏散圈的土地價值損

失、國家印象成本（如對法國旅遊業以及農產品出口的影響）等項目。

　　因此根據該單位評估，若福島核災發生在法國，經濟損失將達到 5,800 億美元（約 17 兆 4,000 億台幣），相當於法國一年國內生產毛額的 20％，高於台灣一整年的國內生產毛額。各類經濟損失中，其中以國家印象成本最高，占總經濟損失的 39％，而疏散圈的土地價值損失次之，占總經濟損失的 26％。

　　此外該分析中指出，為填補核電停機以及提早除役後的發電缺口，需以其他能源形式的發電來填補，而此增加的成本，亦須視為核災的經濟損失，影響程度達總損失的 21％左右。

　　從法國的研究中可知，一國的經濟發展，若仰賴號稱低廉的核電來供應假象的便宜電力，反而是將整體社會的經濟成長果實，曝露在核災風險之下，隨時有泡沫化的風險。

　　因此探討廢核對經濟的影響時，真正理性的思維應是

判斷台灣是否要為了追求號稱的 0.1％至 0.5％的經濟成長率，而加深台灣經濟體的核電泡沫化風險。台灣是否仍要深陷於以核廢料剝削弱勢民眾的蓄奴型發展泥淖，而喪失了邁向「在環境承載能力限制下，增進民眾福祉與社會公平為前提」的綠色經濟契機。

我們無法承受任何一場核災，這應該是台灣人的共識。從三哩島、車諾比到福島，我們已經見識到核電的真實危害。全民都該戰戰兢兢地面對可能發生的核災風險，並且認清擁抱耗電產業的經濟已然過去，未來才有機會踏上非核家園的光明之路。

結語
重新思考零核電

　　蘭嶼居民應該是台灣最無辜的核電受害者。

　　1982 年 5 月 19 日，第一批 10,008 桶核廢料被運到蘭嶼龍門地區的貯存場，開啟蘭嶼與核廢料共存的序幕，之後每週 1 個航班、228 桶核廢料進入蘭嶼，直到 1996 年；而好巧不巧，在第一批核廢料運抵不到 2 個月，柴油引擎發電的蘭嶼發電廠啟用，時間如此接近，彷彿蘭嶼人的民生用電需求是以核廢料貯存場交換而來一樣。

　　蘭嶼少見大型建設，因此貯存場的興建對蘭嶼人來說可是了不得的大事。有人問起施工工人這要做什麼？得到的答案是「罐頭工廠」。於是，核廢料貯存場最開始就以罐頭工廠的面貌出現在蘭嶼人心中。

　　蘭嶼部落文化基金會核廢料遷離行動小組召集人希婻・瑪飛洑提到，對蘭嶼的小孩子來說，工廠是一個希

望工程。大部分蘭嶼人國中畢業就要離鄉背井去工作,而且常是做低階層的勞動工作。如果島上有一個提供就業的地方,是令人充滿期待的。

只是這個工廠一直沒有雇用當地人,慢慢地才傳出這是核廢料貯存場。1986年蘇聯車諾比事件爆發,一些在台灣念書的蘭嶼青年漸漸了解核廢料的危險性,開始投入反核廢運動,先是示威抗議,甚至衝入貯存場,要求台灣的官員到蘭嶼協商,訂出移出核廢料的時程。

直到1996年4月27日,蘭嶼人以投石封港的激烈行動,才成功阻止核廢料進入蘭嶼,不過存放的核廢料桶已經多達97,672桶,其中86,380桶來自核電廠,其他則是醫學、農業、工業、學術界的放射性廢棄物。

會把核廢料貯存場選在蘭嶼有其理由。因為政府原本打算研發核廢料海洋投放技術,也就是把核廢料投入大海,眼不見為淨,而蘭嶼貯存場就是海拋前的臨時處置場。只是聯合國在1972年制訂「防止傾倒廢物等物質汙染海洋公約」,1991年禁止核廢料海拋,這個計畫遂被迫中止。

核廢料的海拋計畫沒了，但是蘭嶼的核廢料卻走不了。高溫、高濕、多鹽分的氣候，加上臨時貯存場採露天壕溝設計，30 年下來，核廢料桶破損嚴重。台電在 2007 年至 2010 年將破損的核廢料桶進行檢整作業，將所有核廢料桶取出，依照破損程度由低至高分成完整桶、輕度鏽蝕桶、輕微破損桶與破碎桶 4 類，然後再修補。

結果，無破損的完整桶只有 180 桶，占所有核廢料桶的 0.2％，而占比最多的是輕微破損桶，共 64,410 桶；另外，輕度鏽蝕桶 30,672 桶，破碎桶 2,410 桶。

因為輕微破損與破碎桶需要重新固化，體積也因此增加，這讓核廢料桶數量增加為 10,277 桶。

核廢料桶鏽蝕的結果，就是讓蘭嶼人陷入曝露在高輻射環境的危險中。

希婻‧瑪飛洑更憂心的是，檢整的過程粗糙，有人沒穿防護設備就在通風的環境下進行檢整，而參與檢整的工人又都是蘭嶼中壯年人，下一代的蘭嶼居民基因會不會因此有所改變？

　　當然，對蘭嶼部分居民來說，貯存場設在這裡也的確令人心生掙扎。因為台電可以用各種回饋金的名目給鄉民好處，像是用電免費、急難救助、結婚補助等等。對貧窮的鄉鎮來說，這是很大的誘因。如果核廢料遷出，那回饋金自然也就沒了。

　　現在，只要蘭嶼傳出反核廢料的聲音太大，就會有新聞指出蘭嶼領了回饋金、居民用電免費又浪費的新聞。核廢料，就像包裹著糖衣的毒藥一樣，政府要蘭嶼人一點一點的吞下去。

　　只是諷刺的是，蘭嶼人沒有用到任何一度從核能發出的電，卻要忍受曝露在高輻射環境下的風險。

　　現在，檢整完的核廢料桶又回存至貯存場，等待永久核廢料貯存廠興建完成，才會遷出。但是最終貯存場的選址困難重重，經濟部把眼光瞄準同樣在台東縣的達仁鄉南田村，以及金門縣烏坵，雖然行政院長江宜樺在 2013 年表示這兩個地方不太可能作為永久貯存場，可是到了南田村現場一看，新鋪的柏油道路又直又寬，幾乎就只等待公

投的法定程序完成，核廢料就可以順利進駐。

　　南田村，就是之前炒得沸沸揚揚的阿塱壹古道終點。

　　就跟蘭嶼一樣，政府瞄準弱勢偏鄉地區，看準的是當地缺乏就業機會，而傳統的生活方式又因法令限制而無從發展。就有達仁鄉的原住民指出，位於太麻里鄉、達仁鄉及金峰鄉的大武山自然保留區原本就是原住民的獵場，劃做保留區以後，全部禁止狩獵，原住民獵人因此沒了生計來源；阿塱壹古道也是同樣的情況，被屏東縣政府劃為保留區之後，原住民無法利用狩獵生存，因此對原住民來說，為了生存，很有可能為了回饋金，被迫接受核廢料。

　　從各縣市的用電量來看，更可看出這種安排的不公義。

　　根據中華民國統計資訊網的資料顯示，台東縣 2012 年的總用電量為 8 億 4,300 萬度，占全台灣總用電量的 0.42％，用電量只高於澎湖縣、金門縣與連江縣；而用電排行榜的前 6 名剛好是五都與桃園縣，用電比例為 70.66％。（見圖 9）

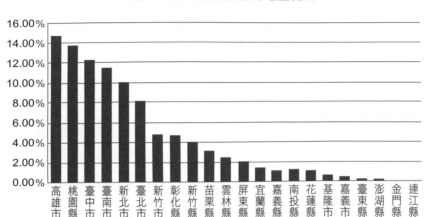

圖9 台灣各縣市總用電量占比

注：總用電量為電燈售電量與電力售電量加總
資料來源：中華民國統計資訊網

　　而從民生用電來看，根據環保署綠色生活網的資料顯示，台東縣 2012 年的民生用電量為 3 億 4,100 萬度，占全台灣民生用電 0.84％，而用電排行榜前 6 名也剛好是五都與桃園縣，用電比例為 70.37％。（見圖 10）

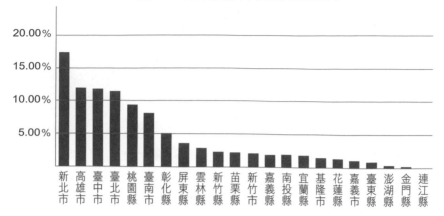

圖 10　台灣各縣市民生用電量占比

資料來源：環保署綠色生活網

　　台東縣的人口僅占台灣人口 1%，用電量不到總用電量的 0.5%，卻要承受全部的核廢料，明顯是不公不義的事。

4 個歸零，重新找回永續發展的生活

　　核四爭議延燒 20 年，官方文宣仍在反覆談著「停建核四對經濟衝擊廣泛深遠」的老調，並強烈保證核電安全。

中華經濟研究院董事長梁啟源在馬英九的能源之旅中的談話就是典型。當大家質疑核能外部成本過於龐大的時候，梁啟源的反應是「就像買樂透，獎金 15 億，但只花了 100 元。」並認為核廢料的處理已經不是技術問題，而是政治問題。

或許正如梁啟源所說，發生核災的風險不高，所以利用「期望值」的概念來評估，蓋核電廠絕對是划算投資。但梁啟源可能不知道 2007 年出版的暢銷書《黑天鵝效應》所給的提醒：少數的黑天鵝事件幾乎能夠解釋這個世界中的所有事情。

黑天鵝事件指的是具有意外性、會產生極端影響，以及事後可以預測，但事前不能預測的事件。像是金融海嘯，在大家都認為世界經濟欣欣向榮的時候，金融海嘯發生了，才恍然警覺次級房貸是多麼危險的金融商品，而在這之前只有少部分的經濟學家給予警告，大部分的經濟學家都還在嘖嘖稱奇這連續 20 年的全球經濟繁榮。

311 福島核災也可視為是這樣的一個黑天鵝事件。在

福島核電廠發生事故之前，核能專家們多麼信誓旦旦的保
證核能電廠一定安全，但經過一場大地震之後證明，核電
廠就算蓋得再堅固，還是不安全。在多地震的日本是如
此，在台灣難道不是？而發生核災之後，土地得長時間才
能回復，種植的作物含有輻射物質，被迫銷毀，而人體受
到的災害還無法估計。核災要負擔的後果太大太大了，台
灣真的能夠承受嗎？

　　為了經濟永續生存，為了避免核災危害，為了符合世
代與環境正義，我們建議讓核電歸零。

重新思考經濟發展模式：用電成長歸零

　　政府一直恐嚇我們沒有核電會缺電，但事實上台灣目
前不缺電，這樣的假設是建立在一味追求經濟成長的經濟
發展模式之上。如此一來，我們必將付出更多資源消耗與
環境汙染的代價。

　　面對未來能源價格越來越高與匱乏的危機，維持傳統
的經濟生產思維將會被時代淘汰，我們需要的是重新檢討

當前追求無止盡成長、不切實際的經濟發展模式。我們期待的是以「電力需求零成長」為規劃核心的能源政策，讓台灣成為真正的進步典範，只要有決心，我們可以同時達成非核家園以及低碳社會的目標。

重新思考世代正義：核電和核廢料新增歸零

核廢料是現代文明永遠的痛。它所帶來的輻射危害，將延續數百年至數十萬年，造成世代與環境的不正義。

達悟族人已背負 30 年的委屈，飄洋過海的黃色罐頭——核廢料貯存桶是永恆不滅的毒物，是蘭嶼揮之不去的惡靈。直到現在，世界上仍未見妥善處理核廢料的例子。

我們把低階核廢料丟在原住民部落或是偏鄉，壓迫發展資源最稀少的弱勢族群出賣健康和土地；高階的用過燃料棒則繼續超量存放在核電廠內，讓台灣猶如坐在核子彈頭上。

我們需要認真面對使用核電的代價，重新檢討核廢料政策，及儘速遷出蘭嶼，並且唯有停用核電，才能停止增加遺禍萬年的核廢料。

重新思考公民力量：政治算計歸零

一個不安全的核電廠，不會因為公投就變得安全！

台灣的老舊核電廠國際知名，因為就建在高活動斷層帶與人口稠密區，應該盡快停止危險核電，讓核一、核二、核三廠儘速除役。

而爭議多年的核四廠，因為不斷增加預算、事故與弊案連連、工期延宕，已經失去人民信任，政府應該對核四錢坑與工程亂象究責，直接終結核四計畫，否則就是卸責。

政府應該以人民利益為優先，不該試圖辦一場不對等的鳥籠公投，壓制廢核的聲浪，此時此刻，全民必須團結起來，衝破鳥籠公投，展現廢核民意。不論結果如何，都將持續堅持，不達廢核成果絕不終止。

重新思考我們的未來：政治成見歸零

核電的風險和危害已經糾纏台灣 30 多年。擁核、反核隨著台灣的政治情勢發展往往被貼上許多政治標籤。但

福島核災提醒我們，不論是政治人物、一般百姓、核電廠工人與白領上班族、老人與孩子、動物與人類，全部都是福島核災的受害者，沒有人能逃過劫難。

反核表達的是同樣身而為人的基本訴求，是對生態與未來的殷殷期待，期待核能威脅可以就此終結在我們這一代。

過去核電議題多被專家與官僚把持，然而經過公民團體的研究與教育推廣，專業者的論述壟斷已漸漸被瓦解，促成更多公共討論。成千上萬的素人勇於用多元的方式表態反核，不少受到公民力量所召喚的名人也站出來，在關鍵時刻形成有力的影響。此時此刻，向核電告別，朝向真正符合人民利益和世代正義的永續社會邁進。

核四運轉還要投入破兆經費，我們有更好的選擇

在世界各國核能政策紛紛轉向的同時，國際金融集團已經清楚表示，核電是高風險的投資標的。台灣沒有理由、更沒有條件擁抱核電。我們要求政府將人民的稅金投注在正確的方向，而不是一再挹注在資金無解、工程無

解、時程無解、安全無解的核四計畫。

目前核四計畫已經核定 2,838 億元，若核四投入運轉，全民不但要承擔高核災風險，後續還要再為核四運轉付出至少 1 兆 1,256 億元的代價。若現在就將破兆經費投注在節能產業和再生能源產業，應該可以創造 4,000 萬瓩（40GW）的裝置容量，為核四裝置容量的 15 倍，發電量也可以達到核四廠的 5.3 倍，並可以創造 4 萬個以上的綠能就業機會。同時將引領台灣的能源政策走出困局，提供機會讓台灣產業結構得以升級轉型，擺脫依賴廉價勞工、低廉電價以及掠奪自然資源的成長模式，也同時檢視政府對工商業各種補貼與政策工具的正確性和公平性。

這不是一個能輕易達成的目標，而且需要整個社會共同參與才可能實現，但這也是一個投入轉型、迎向未來的歷史契機。我們該感謝日本，是 311 福島核災帶來的受難與犧牲，點醒了我們該勇敢一點、清醒一點，擺脫核能依賴，走向正確的新發展道路。

附錄
關於核電的 9 個關鍵問答

　　麥可施耐德（Mycle Schneider）專研核電產業分析與再生能源倡議。從 1997 年起在比利時能源部、法國環保部及德國環保部擔任顧問，並陸續提供能源政策相關的建議和資訊給美國國際開發署（United States Agency for International Development）、國際原子能總署、歐洲議會、歐盟執委會等各種國際組織與政府單位，同時是美國普林斯頓大學內設的國際核分裂材料研究小組（IPFM）成員。長期在能源、經濟及核安政策規劃上提供諮詢及政策建議，1997 年獲頒有「另類諾貝爾獎／諾貝爾環境獎」之稱的瑞典「正確生活方式獎」（Right Livelihood Award），是享譽國際的能源與核電政策專家。

　　近 20 年來，他持續出版〈世界核能產業現況報告〉，

提供最新的核能產業現況，近期並頻繁受邀至南韓首爾，
為首爾市長提供再生能源、核能產業及核能安全議題諮
詢，並規畫提升能源效率的政策工具。以下就是麥可施耐
德在 2012 年底訪問台灣時接受綠盟與媒體的採訪摘要。
綠盟與媒體問（以下簡稱問），麥可施耐德回答（以下簡
稱答）：

問： 在台灣，核能仍被視為是走向低碳的重要政策選項，
馬政府的能源政策裡依舊保持馬政府穩健減核的步
調。廢核與減碳有可能同時進行嗎？

答： 不論從科技或經濟層次來看，讓所有國家都廢核是完
全可行的，唯一的問題只在於期程規劃而已。我認為
區分既有運轉核電廠以及興建中的核電廠是很重要
的：新建核電廠不是一個有效率的減碳政策選項，更
甚者，這還是一個「氣候殺手」。原因很簡單，現在
已經有太多更有效率的減碳政策及科技，這些都比蓋
一座新的核電廠要來得更快更便宜。把錢花在新建核

電廠的同時，意味著這些錢無法被投入到更有效的選項中。至於既有核電廠，撇開安全問題不談，他們也是妨礙創新的存在，無法讓資源投資到更安全的環境中。

從整個系統角度出發，核能跟再生能源發展是互斥的，其關鍵在於核能（以及其他火力發電）所仰賴的是一個集中式的能源系統，而要讓再生能源好好地發展，需要的是分散式的電力系統，以地方或區域為單位來規畫。要讓再生能源最有效率的發展，需要的也是不一樣的電網設計。

問：馬政府雖然有提出穩健減核，不讓既有核電廠延役的宣示，但根據內部消息指出，台電不但沒有開始著手除役規劃，台電甚且希望能讓核電廠延役。因此想詢問您對於減核及除役的建議。

答：台灣既有 6 座機組的平均壽命是 31 年。你還記得你在 1980 年開過的車嗎？德國政府在 311 福島核災後

立即關閉 8 座核電機組，只因為這 8 座核電機組的運轉時間都超過 30 年。當然這也是因為德國已經有相當完善的再生能源發展計畫，福島核災之後，德國的太陽能及風力發電廠已經能生產超過 1,000 萬瓩（10000MW）的電力，2011 年通過的「非核法」不僅決定每個核電機組最終除役的時間，同時也伴隨著相關的能源立法，以前所未見的能量支持改善能源效率及再生能源。這些立法對投資者來說提供了相當安全的投資環境，也確保廢核政策的順利開展。

問：台灣政府和台電總是對民眾宣稱停建核四要付天價違約金？

答：如果台灣政府和台電宣稱停建核四要付天價違約金，並以此做為繼續興建的理由，那我只能說他們的談判工作做得實在太糟。在過去幾年，停建核電廠的案例在國際上不計可數，而這種商業合約也一定有退場機制。在這一年停掉的核電廠，就有 2 個在保加利亞的

核電機組（1987 年開始興建，2012 年 3 月政府宣布無法再負擔建廠經費而正式停建），及 2 個在日本的核電機組：Ohma and Shimane-3，分別是 2007 年和 2010 年開始興建，也都在福島核災後停建了。

問： 您怎麼看台灣政府及台電確保核四安全的方式：邀請世界核電協會與美國核管會（NRC）審查核四安全？以及您對台灣的建議？

答： 當你要評估喝酒對身體是否造成健康風險，會找酒商同業公會審查嗎？世界核電協會的成立就是這種基於同業互助的公會性質，他們的評估可信度當然很低。至於 NRC 是美國核能管制單位，他們不須對台灣核電安全負責。採用他們專家意見也許是有幫助的，但不能把 NRC 視為獨立的專家團隊，也不能僅只採用他們的意見。找專家來評估，這種方向基本上是對的，但找來的專家必須是獨立於政府及核電產業利益之外。在與立委座談會中，我已經建議比較好的方式是：

1. 由國會委託獨立的專家團隊進行調查及報告，所以這份報告是國會的報告，而不是原能會及台電委託的報告；

2. 舉辦公開的聽證會，讓國會委託的獨立專家團隊發表他們的分析與研究成果，政府官員、原能會、台電、甚或環保團體都可以前來聽證會，直接與國會委託的專家進行辯論。

問：針對全球核工業的衰敗趨勢，與核能安全的關連性？

答：新建核電廠在時間及金錢上都須付出巨大成本，因此核工業只剩下一種生存策略：讓既有核電廠延役，延多久是多久。而這將為核能安全監管機構帶來龐大的壓力。完整檢查及強化核安單位的監管能力至為重要。歐盟對既有核電廠的壓力測試顯示，儘管進行的是有限的檢查測試，但測試結果已經顯示許多核電廠必須在安全設計上大幅改善升級。而問題是：在這些核電廠可以大幅改善升級前，他們還能運轉多久？

問： 目前核安監管單位對風險控管的心態，是否足以保證
不會發生核災？

答： 無法保證。核安監管單位的工作就像要去確定坦克開
在市中心是安全的一樣，然而也許一開始就不該讓坦
克開進市中心才對。

問： 目前核安監管機制的設計中，是否存在無可避免的缺
陷？

答： 是的，目前的管制單位都是在既有管制架構中形成
的，每個監管單位都存在特定的強項與弱點，但整體
來說，目前管制單位存在的問題包括：

1. 與電廠營運者間的緊密關係；

2. 對於核災風險的計算是基於概率風險估算
（probabilitic risk assessment），而不是根據發生危
險的可能性（danger potentials）。

問： 對於福島核災是人為釀禍的看法？是否提昇核電廠安全標準即能避禍？

答： 說到底，所有工業災害皆可以連結至人為因素，不管是從設計、執行、控制等角度來看都一樣。福島給我們的教訓是「災害的可能性」，而不是核電廠管理問題，重點是核安監管單位無法設想並預先排除所有可能的威脅及風險（像是恐怖攻擊）。

問： 針對「核能依賴」的現象，除了排擠對再生能源的投資外，是否還帶來其他影響？

答： 影響很多，像是對電廠營運者來說，運轉核電的經濟風險就很大。在 311 福島核災之前，東電一直被視為是非常成功、穩定且安全的投資選項，然後瞬間這家公司就破產了。核電依賴帶來的問題之一是（前述）其集中化本質，未來需要的是分散式的能源系統，可以平行整合不同電網。集中式的核電及火力發電反映的是過去的思維。

高寶書版集團
gobooks.com.tw

BK 021

為什麼我們不需要核電：台灣的核四真相與核電歸零指南

作　　者　綠色公民行動聯盟（賴偉傑、趙家緯、房思宏、徐詩雅、王舜薇）

整理撰稿　蘇鵬元

書系主編　蘇芳毓

編　　輯　林婉君

校　　對　徐詩雅、趙家緯、吳銘軒、蘇鵬元

排　　版　趙小芳

美術編輯　蕭旭芳

出　　版　英屬維京群島商高寶國際有限公司台灣分公司
　　　　　Global Group Holdings, Ltd.

地　　址　台北市內湖區洲子街88號3樓

網　　址　gobooks.com.tw

電　　話　（02）27992788

電　　郵　readers@gobooks.com.tw（讀者服務部）
　　　　　pr@gobooks.com.tw（公關諮詢部）

傳　　真　出版部（02）27990909　行銷部（02）27993088

郵政劃撥　19394552

戶　　名　英屬維京群島商高寶國際有限公司台灣分公司

發　　行　希代多媒體書版股份有限公司/Printed in Taiwan

初版日期　2013年8月

國家圖書館出版品預行編目（CIP）資料

為什麼我們不需要核電；台灣的核四真相與核電歸零指南
/ 綠色公民行動聯盟著；蘇鵬元整理撰稿.
-- 初版. -- 臺北市：高寶國際出版：
希代多媒體發行, 2013.8
　　面；　公分. --（Break；BK021）

ISBN 978-986-185-863-0（平裝）

1.核能發電　2.核能汙染

449.7　　　　　　　　　　　　　　102009345